人工电磁结构
及其在滤波器中的应用

童创明　主编

付树洪　赵海洲　谢　波　王金博　等编著

西北工业大学出版社

【内容简介】 本书系统介绍了人工电磁结构及其在滤波器中的应用。全书共有9章。主要内容包括概论、一维介质型电磁晶体研究、二维介质型电磁晶体研究、蘑菇谐振器及其在电磁带隙滤波器中的应用、特殊地面缺陷结构及其在低通滤波器中的应用、SRR-DBDGS及其在双频带阻滤波器中的应用、CSRR及其在阶梯阻抗低通滤波器中的应用、CSRR在双模贴片滤波器中的应用以及CSRR CRLH传输线及其在宽带滤波器中的应用。

本书是作者在总结近年来关于人工电磁结构及其应用的部分研究成果基础上编写而成的,可供国内同行参考。

图书在版编目(CIP)数据

人工电磁结构及其在滤波器中的应用/童创明主编.—西安:西北工业大学出版社,2011.11
ISBN 978-7-5612-3235-4

Ⅰ.①人… Ⅱ.①童… Ⅲ.①电磁场—介质—应用—微波滤波器—研究 Ⅳ.①TN713

中国版本图书馆CIP数据核字(2011)第232622号

出版发行:西北工业大学出版社
通信地址:西安市友谊西路127号　　**邮编**:710072
电　　话:(029)88493844　88491757
网　　址:www.nwpup.com
印 刷 者:陕西宝石兰印务有限责任公司
开　　本:787 mm×1 092 mm　1/16
印　　张:7.25
字　　数:170千字
版　　次:2011年11月第1版　　2011年11月第1次印刷
定　　价:20.00元

前　言

人工电磁结构是指电磁波在其中传播时具有特殊传导或者辐射特性的人工复合结构。从广义上说，人工电磁结构包括所有对电磁波的传播具有特定影响的人造材料或结构，比如电磁带隙结构（又称电磁晶体）、地面缺陷结构（DGS）以及复合左右手结构等。本书主要研究了几种人工电磁结构和这些结构中电磁波的传输特性以及基于这些结构的滤波器的设计方法、制作过程和应用背景。

本书共有9章。主要内容包括概论、一维介质型电磁晶体研究、二维介质型电磁晶体研究、蘑菇谐振器及其在电磁带隙滤波器中的应用、特殊地面缺陷结构及其在低通滤波器中的应用、开口环谐振器（SRR - DBDGS）加载地面缺陷结构及其在双频带阻滤波器中的应用、互补开口环谐振器（CSRR）及其在阶梯阻抗低通滤波器中的应用、互补开口环谐振器在双模贴片滤波器中的应用以及互补开口环谐振器复合左右手（CSRR CRLH）传输线及其在宽带滤波器中的应用等。具体情况如下：

第1章为概论。主要阐述了本书研究的背景及意义，人工电磁结构及其应用现状。另外，对本书的主要内容及章节安排进行了介绍。

第2章为一维介质型电磁晶体研究。介绍一维介质型电磁晶体的平面波展开法和周期矩量法求解模型；分析介电常数比、填充率等参数对普通一维介质型电磁晶体带隙的影响，研究一维介质型可调谐电磁晶体的带隙特性；在周期矩量法的本征方程求解中，介绍两种不同的搜索算法，并进行对比分析；介绍一维介质型电磁晶体的两个应用实例。

第3章为二维介质型电磁晶体研究。介绍二维介质型电磁晶体的平面波展开法和周期矩量法求解模型；推导不同类型电磁晶体的结构系数表达式，增强分析模型的通用性，设计一种具有完全带隙的复合晶胞电磁晶体结构。将等效介质理论引入周期矩量法求解模型中，实现计算简化。最后，介绍介质型电磁晶体的仿真模型，利用其分析电磁晶体的传输特性，并与数值方法的求解结果进行对比。

第4章为蘑菇谐振器及其在电磁带隙（EBG）滤波器中的应用。介绍了几种蘑菇谐振器的物理模型，并给出了相应的等效电路，研究了结构参数对蘑菇谐振器传输特性的影响。在此基础上，采用组合单元法设计了几种结构紧凑的宽阻带EBG滤波器。

第5章为特殊地面缺陷结构及其在低通滤波器中的应用。介绍了两种特殊DGS单元，并对DGS单元的传输特性进行了仿真分析和改进设计。在此基础上，构造了两种高性能低通滤波器。

第6章为SRR - DBDGS及其在双频带阻滤波器中的应用。对两种SRR - DBDGS结构及其传输特性进行了详细研究，并将其应用于双频带阻滤波器的设计中。

第7章为CSRR及其在阶梯阻抗低通滤波器中的应用。分析了微带接地面CSRR结构及其禁带特性，发现其具有陡峭的边带特性。针对这一特点，构造了一种高选择性CSRR阶梯阻抗低通滤波器。为了有效地抑制高频段谐波，将补偿型耦合 DGS 与 CSRR 阶梯阻抗低通滤波器结合，构造了一种高选择性超宽阻带混合结构阶梯阻抗低通滤波器。

第 8 章为 CSRR 在双模贴片滤波器中的应用。将 CSRR 引入三角形贴片谐振器，构造了一种 CSRR 三角形双模贴片滤波器。

第 9 章为 CSRR CRLH 传输线及其在宽带滤波器中的应用。介绍了 CSRR CRLH 传输线及其特性。在此基础上，构造了一种具有优良高通特性的 IC－CSRR CRLH 传输线单元。又利用 IC－CSRR CRLH 传输线单元结合改进型非对称 DGS 低通滤波器，构造了一种高性能组合结构宽带带通滤波器。

本书是作者在总结近年来关于人工电磁结构及其应用的部分研究成果基础上编写而成的，可供国内同行参考。

本书由童创明主编。本书由付树洪、赵海洲、谢波、王金博编著，参加本书部分章节编写的还包括李西敏博士、姬伟杰博士、孙青博士、黄学宇博士、赵玉磊博士、钟卫军博士、周明硕士、邹雄硕士、余定旺硕士和吴利楠硕士等。本书的出版得到了军队“2110 工程”电磁场微波技术学科专业领域建设基金、毫米波国家重点实验室开放课题基金（K200818，K200907）和陕西省自然科学计划基金（2011JM8025）的资助，同时对西北工业大学出版社的大力支持表示感谢。

人工电磁结构研究及应用方兴未艾，谬误不足之处在所难免，请专家和读者指正。

编　者

2011 年 5 月

目 录

第1章 概 论

1.1 人工电磁结构的概念

人工电磁结构(Electromagnetic Metamaterial)是指在自然界中本身并不存在或者没有被发现,而由人们根据电磁学理论的推导计算所设计并制作出来的,具有非常规电磁属性的人造媒质或材料[1]。由于它通常是由两种或者两种以上的自然物质(通常是金属和介质)按照特定的规则组合而成的,所以也有学者把它叫做复合材料(Composite Material)[2];Metamaterial 一词本身也表达了"混合的""合成的"材料[3]的含义。但是在科学研究中,为了突出被研究对象的本质,把这些新型的材料统一定名为"人工电磁结构"。

事实上,人们对于人工电磁结构的研究由来已久。1987 年,John 和 Yablonovitch 等人在传统晶体概念基础上各自独立地提出了光子晶体(Photonic Crystal)的设计[4-5]。光子晶体是一种非常典型的光子带隙(Photonic Band - Gap,PBG)结构,它的禁带效应功能是引起人们最大兴趣的所在。比如通过对材料介电常数的分布进行周期性调制,某些特定角度的入射波被临近的周期结构散射而产生干涉,发生类似布拉格(Bragg)衍射的现象。这些特定入射方向的能量由于衍射效应导致传播的群速度为零,因而被禁止通过,形成禁带。利用光子晶体的禁带机制,人们能够对光进行更加自如的控制。参照光子晶体的设计理念,加利福尼亚大学洛杉机分校(UCLA)的 Itoh 等人提出了电磁带隙(Electromagnetic Band - Gap,EBG)结构的概念[6]。电磁带隙结构的提出使人们能够在更加广阔的频谱范围内利用类似光子晶体的禁带效应。Itoh 等人关于电磁带隙结构最初的制作方案是在微带电路上实现的。在微带线基板背面的接地平面上刻蚀出周期性的结构模式[7],从而对波导基板的有效介电常数等属性进行调制,从而对通过的信号在微波段实现了特定的禁带。在这些工作的基础上,学者们进一步发现在微带电路的接地平面上刻蚀其他形状的缺陷结构(这样的缺陷结构可以是周期性的结构,也可以是非周期性的结构),同样可以达到类似的禁带效应。这种衍生的新的带隙材料的制作方法被称为地面缺陷结构(Defected Ground Structure,DGS)[8]。此外,作为人工电磁结构中最具有代表性的材料之一,左手材料(Left - Handed Material,LHM)从一提出就受到了研究领域的学者和工程人员最广泛的关注[9]。最近,在左手材料的基础上又发展了复合左右手(Composite Right/Left-Handed,CRLH)结构[10],在微波工程领域的应用中取得了很好的效果。

1.2 人工电磁结构及其在微波领域中的应用现状

目前,微波领域广泛关注的人工电磁结构主要有电磁带隙结构、地面缺陷结构、开口环谐振器以及互补开口环谐振器结构等。下面将对这几种具有代表性的人工电磁结构的研究现状进行详细探讨。

1.2.1 电磁带隙结构

电磁带隙的概念实际上来自光子带隙概念的推广。光子晶体最初是在光学领域提出的，但是光学波段的尺度很小，加工工艺要求高，所以人工制作光子晶体存在一定困难。由于微波频段和光波都属于电磁波谱，共同遵从于 Maxwell(麦克斯韦)方程，所以这种周期性通过缩比关系扩展到了微波频段，进而加工上的难题不复存在。微波频段从理论、制备到实验测量都有相当成熟的技术和仪器设备，所以光子晶体在微波频段的研究快速开展起来，并且不断取得新的成果。微波光子晶体相关理论及应用研究已经成为一个重要方向，并且出现了一些新的专门用于微波频段的术语，如：电磁带隙结构、电磁晶体(Electromagnetic Crystals，ECs)等[11]。EBG 结构按照周期可分为一维、二维和三维结构。一般来说，维度越高、尺寸越小、点阵结构越复杂，其制备的难度也就越大。从材料上看，EBG 结构又可分为介质型、金属型和介质金属型。

1991 年，Yablonovitch 等制作出了第一个具有全方位禁带的介质型 EBG 结构[12]，其频率禁带范围为 10～13 GHz。该结构加工在介质层上，在一个面上孔洞按三角栅格周期排列，每个孔洞都穿透 3 次，每一次都偏离法向 35°，在水平面内则以 120°三等分。Marc 等则提出了弯曲的介质型 EBG 结构[13]，此结构被用作天线反射器，与金属反射器相比，它可以产生更高的增益和波束宽度。此外，将介质型 EBG 结构放在天线上方，可以有效提高天线的方向性，制成高方向性天线[14]。除介质型 EBG 结构外，还有金属型 EBG 结构。金属杆按照一定点阵排列起来，可以形成金属型 EBG 结构[15]。这种结构的禁带可以从很低的频率(甚至零频)开始，带隙很宽。

除建立在空气中外，EBG 结构还可建立在某种媒质上，比如微带基片。由于微带电路和天线应用极为广泛，因此很多具有实际应用价值的 EBG 结构都是针对微带结构设计的。在微带介质基片上打孔，按照某种点阵结构周期排列，可以形成 EBG 结构。这种结构又称基片打孔型 EBG 结构，它被应用于各种平面天线的设计中。1993 年，美国研究人员率先将基片打孔型 EBG 结构应用于偶极子天线中。它是将基片打孔型 EBG 结构作为平面天线的底板，EBG 结构的带隙被设定在天线发射或接收频率范围内，所以采用这种结构可以减少能量在基底中的损失，从而提高发射或接收效率。另外一些研究人员将基片打孔型 EBG 结构作为偏馈贴片天线的底板[16]。研究表明，此结构可以有效减小后向辐射，从而提高天线辐射效率。

介质型和金属型 EBG 结构的带隙特性较好，但是它们的体积大，不适合实际应用。介质金属型 EBG 结构很快成为研究的热点，它可以有效地减小 EBG 结构的尺寸和质量。它利用金属形成的等效电感、等效电容与介质材料介电常数来调节带隙的频率位置，所以禁带频率与周期尺寸可以不受布拉格散射条件的限制，实现小尺寸的 EBG，具有很好的实用价值。

一种介质金属型 EBG 结构是由 Sievenpiper 提出的基于蘑菇谐振器阵列的高阻电磁表面[17]。它是制作在普通微带基片上的，微带介质的一侧印制有周期排列的金属小贴片，并且通过金属过孔与另一侧的接地板相连，其频率带隙可以设计在微波、毫米波甚至射频范围。该结构的尺寸可以达到波长的 1/10，相对前面提到的介质或金属型 EBG 结构，其整体结构相当紧凑，因此很快被重视。高阻表面的应用前景非常诱人，特别是在天线(阵)设计方面[18]。由于高阻表面具有非常明显的表面波带隙，采用高阻电磁表面代替金属表面来做天线接地面，当天线的工作频率落在高阻表面的表面波带隙中时，高阻接地面可以抑制径向传播的表面波。

因此，与同样大小的普通金属接地面相比，有限大小的高阻接地面可以消除边缘与交角的绕射，改善天线辐射方向图，减小天线背瓣，提高天线增益。在天线尺寸允许的范围内，通过采用高阻表面可以明显降低天线单元之间的耦合，从而提高天线阵的整体性能。

另一种介质金属型 EBG 结构是由 Yang 提出的单面紧凑电磁带隙（Uni－planar Compact Photonic Band－Gap，UC－PBG）结构[19]。与上面的高阻电磁表面相比，该结构没有金属过孔，但印制金属贴片的形状要复杂得多，其本质就是靠金属片之间的耦合提供电感和电容。这种结构不必打孔，加工工艺更为简单，但是其设计复杂，同时带隙特性也没有高阻电磁表面好。这种结构可用于制作滤波器、天线和 TEM 矩形波导等[19-20]。

此外，针对微波传输线也提出了 EBG 结构。EBG 传输线的种类较多，但归纳起来主要有三种形成方式，即分别在金属导带、金属接地板和介质基板上周期打孔来实现。由于在介质板上打孔相对困难，不便于微波电路集成，而蚀刻金属导带的带阻效果不好，所以目前大多采用的传输线 EBG 结构为地面蚀刻型。它可以采用印制电路技术实现，设计简单。它的做法是在传输线（如微带或共面波导等）接地板上蚀刻周期排列的孔洞，主要沿着微带线传输方向，在横向上只需一排就可获得很好的带阻效果。目前，它已被用于天线的谐波抑制[21]、微带线之间的互耦抑制[22]及高性能滤波器设计[23]等。

综上所述，EBG 结构在微波电路中主要采用的是平面结构、双平面结构或平面二维结构，其作用是抑制伪通带信号、消除高阶谐波响应或者抑制表面波，因此大多数应用集中在滤波器及天线等器件的设计上。此外，EBG 结构还可以用于辅助设计频率选择表面[24]等。

1.2.2　地面缺陷结构

地面缺陷结构，又称地面开缝结构（Slotted Ground Structure，SGS），是在微带、共面波导等传输线的接地金属板上刻蚀周期或非周期的各种栅格结构，以改变电路衬底有效介电常数的分布，从而改变基于该介质上传输线的分布电感和分布电容，使此类型的传输线具有带隙和慢波特性。第一个 DGS 单元是由韩国学者 Park 等提出的微带哑铃型 DGS 结构。与地面蚀刻型 EBG 结构相比，DGS 结构的优点在于无须建立周期结构即可在某些频率点产生谐振，提供良好的带隙特性；且只需一个 LC 等效电路模型就可表征，便于进行电路级的快速分析。在同等工艺条件和性能要求下，对考虑电路尺寸而言，DGS 结构较地面蚀刻型 EBG 结构在集成电路应用方面更具优势。自哑铃型 DGS 结构提出后，其特性的研究与应用引起了越来越多人的重视，逐渐成为微波电路设计领域的一个研究热点。

Park 等人最早将哑铃型 DGS 应用于低通滤波器[25]设计，其在通带内波纹控制在 0.01 dB 以内，且在阻带内无寄生通带产生。Lim 等采用哑铃型 DGS 制作出了具有高阻抗特性的传输线，并将其运用于 4∶1 威尔金森功分器的设计中[26]，与传统结构相比，电路减小面积达 83%。之后，他们采用哑铃型 DGS 进一步提高了功率放大器的功率输出和功率附加效率，有效地抑制了二阶谐波响应[27]。Lee 等则采用哑铃型 DGS 制作了平面微带振荡器[28]，具有较高 Q 值的哑铃型 DGS 传输线大大降低了振荡器中存在的相位噪声。Sung 在耦合器接地面上引入哑铃型 DGS[29]。研究发现，耦合器谐振频率大幅降低，因此耦合器的尺寸大为减小。此外，高次谐波也得到了有效抑制，三次谐波的抑制度不低于 30 dB。除此之外，哑铃型 DGS 还被广泛应用于天线[30]、传导器[31]等微波器件中。

为最大化地开发和利用 DGS 的独特性能，各种新型的 DGS 单元层出不穷。Kim 提出了螺旋型 DGS 单元[32]，并分析了它的等效电路。之后，螺旋型 DGS 被用于放大器的小型化和抑制谐波[33]、微带贴片天线的交叉极化抑制[34]及高性能滤波器的设计[35]等方面。Park 则提出了一种具有隔直流缝隙和可加载耦合电容的新型 DGS 单元[36]，并将其应用于微波平面振荡器的设计中。最近，安建等将分形几何应用于 DGS 结构的设计中，提出了一种 Von Koch 分形缝隙 DGS 单元[37]，并将其与微带缝隙电容结合设计了一种超宽带滤波器，其具有超宽通带和良好的群速表现。此外，Safwat 在 DGS 结构的缝隙部分引入变容二极管(Varactor)实现了阻带可调[38]，这使 DGS 单元实现了可重构。

以上表明，DGS 在设计上注重单元的设计效率，在应用中大多数利用其单元对传输线等效电感和等效电容的调节作用所产生的阻带效应，而并不依赖周期性。因此，它的设计更加灵活、简便，使用 DGS 单元的器件往往具有更小的尺寸。DGS 的禁带特性可以有效地用于滤波器设计，也能够用于消除天线、放大器等器件中的谐波响应。此外，利用 DGS 单元有助于制作具有高阻抗特性的传输线，因而也被广泛应用于耦合器、功分器(功率分配器)等电路的设计中。由此可见，DGS 在设计微波和毫米波电路中有着非常广泛的应用。

1.2.3　开口环谐振器与互补开口环谐振器结构

在物质与电磁波的相互作用过程中，材料的电磁响应行为主要由其介电常数 ε 和磁导率 μ 决定。到目前为止，在自然界中依然没有发现介电常数和磁导率同时为负的媒质。对于这样一类媒质，苏联科学家 Veselago 从理论的角度研究了它们的电动力学性质[39]，并将之命名为"左手材料"。根据 Veselago 的研究成果，左手材料具有很多新奇的电磁学和光学特性，但不得不承认的是自然界从来没有发现这样的物质，这一颠覆性的概念一直处于无人理睬的尴尬境地。

随着光子晶体概念的提出，人工周期材料的研究引起了研究人员的极大兴趣。1996 年，Pendry 等人发现通过三维结构的金属细线(Wire)阵列模拟等离子体效应，可在小于其等离子体频率的波段范围内实现负等效介电常数。1999 年，Pendry 等又突破性地采用本身无磁性的金属开口环谐振器(Split Ring Resonator，SRR)作为单元组成的周期性结构，在稍大于其谐振频率的范围实现了负等效磁导率。Smith 等在此基础上迈出了关键一步，他们先在理论上研究了将 Wire 阵列和 SRR 阵列组合得到左手材料的可能性，然后在微波实验中合成了介电常数和磁导率同时为负值的材料，并成功地在实验室中观测到了微波频段的负折射效应[40-41]。这一重大进展重新激发了人们研究左手材料的兴趣，左手材料成为了科学界的热门话题。

研究 SRR 对更好地认识左手材料是非常重要的。研究表明，当交变磁场从 SRR 轴向穿过时，在 SRR 的谐振频率附近会出现一段窄的阻带，阻碍电磁波的通过。SRR 具有很强的谐振特性，单个 SRR 即可产生阻带，而不需周期性结构，这与传统的 Bragg 散射原理是不同的。SRR 为控制电磁波传播提供了一个全新的途径，在微波波段出现了许多 SRR 结构器件和应用。

将 SRR 对称地加载到平面传输线(微带线、共面波导等)两侧即可获得明显的阻带特性[42-43]，通过组合不同谐振频率的 SRR 单元，阻带带宽可以比较容易地进行调节。与传统 EBG 微带线相比，在相同阻带特性下 SRR 加载微带线具有更小的电路尺寸。通过将变容二极管引入 SRR[44]，使 SRR 加载微带线的阻带在一定频率范围内进行任意调整，易于实现可重构。除平面传输线外，SRR 还被加载到金属波导中，制成金属波导带阻滤波器[45-46]，这种结构可以实现阻带带宽可调和多阻带。在带阻特性研究基础上,SRR 加载传输线被应用于平行耦合线滤波器[47]和贴片天线的谐波抑制[48]。将 DGS 结构与双层 SRRs 结合,武明峰等人提出了一种工作于双频段的微带线结构新型左手介质[49]。与 DGS 结构相比,其表现出奇异的双阻带特性。此外,SRR 还可应用于天线的设计。Francisco 等提出了一种新的利用 SRR 结构实现双频偶极子天线的设计方法[50]。Kim 等则将 SRR 应用于电小尺寸方环天线的设计[51]。除了应用于滤波器和天线设计外,SRR 还被应用于频率选择表面[52]和多模谐振器[53]等方面。

随着 SRR 研究的发展,一些研究人员又提出了 SRR 的互补结构——互补开口环谐振器(Complementary Split Ring Resonator,CSRR),即在金属贴片上蚀刻开口环状缝隙。由于 CSRR 属于平面结构,易于实现,且具有单元尺寸小的优点,因而为设计平面微波器件提供了便利。在谐振频率附近,CSRR 的介电常数会达到较大的值,使得电磁波经过一个谐振单元发生的相位变化达到 180°,从而抑制信号的传播,形成阻带。通过在传输线接地面(或导带)的信号传播方向蚀刻得到若干个 CSRR,可以形成良好的阻带,并且在阻带之外保证微带线的通带正常工作,从而得到尺寸紧凑的带阻滤波器[54−56]。

微波滤波器是 CSRR 的重要应用之一。在不增加原滤波器尺寸的情况下,通过在阶梯阻抗谐振器上引入 CSRR 后,寄生通带可以得到有效抑制[57]。除此之外,CSRR 在滤波器中的应用实例还有许多[58-66],如金属波导和介质集成波导滤波器。近几年,CSRR 还被应用于平面天线方面。利用 CSRR 带陷特性可以制作出超宽带带陷天线[67],通过调整 CSRR 尺寸使超宽带天线在 5.2 GHz 或 5.8 GHz 附近避免电磁干扰。在普通微带贴片天线的金属接地板上蚀刻出周期性 CSRR 可以得到超介质基片天线[68]。与普通结构相比,该结构具有更小的尺寸和更宽的带宽。由 CSRR 阵列构成的超介质基片很好地解决了天线尺寸和带宽这对矛盾。此外,一些研究人员还在贴片上引入缝隙型 CSRR 作为非对称微扰,从而激励天线产生圆极化辐射,制作出了 CSRR 圆极化微带贴片天线结构[69]。

CSRR 可以实现复介电常数,将其与可以实现负磁导率的平面结构相结合,调节它们的谐振频率,可以实现双负左手特性。在微带线结构的接地面上引入 CSRR 的同时,在微带线上蚀刻缝隙电容,调整它们的尺寸,就可以获得左手性质的通带,这样就可以实现平面左手结构[70],其又被称之为基于 CSRR 的复合左右手传输线。CSRR CRLH 传输线的应用涉及多种微波器件,如滤波器、功分器、双工器、耦合器等[70-72],这些微波器件可以实现小型化、多频和宽频工作。

由于 SRR 和 CSRR 是亚波长的谐振结构,因此尺寸紧凑。又因为是平面结构,具有便于集成的特点,所以被用于设计诸多微波器件。除应用于左手材料的开发和研究外,SRR 和 CSRR 已经成为平面微波电路提高性能和实现小型化的重要技术之一。

参考文献

[1] 邹勇卓.新型人工电磁材料器件的设计、制作和应用研究[D].杭州:浙江大学,2007.

[2] Sergei T. Analytical modeling in applied electromagnetics[M]. Boston: Artech House, Inc. ,2002.

[3] Pearsall J E. The New Oxford Dictionary of English[M]. Oxford: Oxford University Press,1998.

[4] John S. Strong localization of photons in certain disordered dielectric superlattices[J]. Physical Review Letters, 1987, 58(23): 2486-2489.

[5] Yablonovitch E, Gmitter T J, Leung K M. Photonic band structure: the face-centered cubic case employing nonspherical atoms[J]. Physical Review Letters, 1991, 67: 2295-2298.

[6] Radisic V, Qian Y X, Coccioli R, et al. Novel 2-D photonic bandgap structure for microstrip lines[J]. IEEE Microwave and Guided Wave Letters, 1998, 8(2): 69-71.

[7] Yang F R, Ma K P, Qian Y X, et al. A uniplanar compact photonic-bandgap (UC-PBG) structure and its applications for microwave circuits[J]. IEEE Trans. Microwave Theory Tech., 1999, 47(8): 1509-1514.

[8] Chul-Soo K, et al. A novel 1-D periodic defected ground structure for planar circuits [J]. IEEE Microwave and Guided Wave Letters, 2000, 10(4): 131-133.

[9] Pendry J B. Negative refraction makes a perfect lens[J]. Physical Review Letters, 2000, 85(18): 3966-3969.

[10] Caloz C, Sanada A, Itoh T. A novel composite right-/left-handed coupled-line directional coupler with arbitrary coupling level and broad bandwidth[J]. IEEE Transactions on Microwave Theory and Techniques, 2004, 52(3): 980-992.

[11] 付云起，袁乃昌，温熙森. 微波光子晶体天线技术[M]，北京：国防工业出版社，2006.

[12] Thevenot M, Cheype C, Reineix A, et al. Directive photonic-bandgap antennas[J], IEEE Trans. Microwave Theory Tech., 1999, 47(11): 2115-2122.

[13] Lin Q C. Zhu F M, He S L. A new photonic band-gap cover for a patch antenna with a photonic band-gap substrate[J]. Journal of Zhejiang University Science, 2004, 5(3): 269-273.

[14] Poilasne G, Pouliguen P, Mahdjoubi K, at el. Experimental radiation pattern of dipole inside metallic photonic bandgap material[J]. Microwave Opt Technol Letters, 1999, 22(1): 10-16.

[15] Gonzalo R, Maagt P D, Sorolla M. Enhanced patch-antenna performance by suppressing surface waves using photonic-bandgap substrates[J]. IEEE Trans. Microwave Theory Tech., 1999, 47(11): 2131-2138.

[16] Sievenpiper D, Zhang L J, Broas R J, et al. High-impedance electromagnetic surfaces with a forbiddenfrequency band[J]. IEEE Trans. Microwave Theory Tech., 1999, 47(11): 2059-2074.

[17] 付云起. 微波光子晶体及其应用研究[D]. 长沙：国防科学技术大学，2004.

[18] Coccioli R, Yang F R, Ma K-P, et al. Aperture-coupled patch antenna on UC-PBG substrate[J]. IEEE Trans. Microwave Theory Tech., 1999, 47(11): 2123-2130.

[19] Horri Y, Tsutsumi M, Harmonic control by photonic bandgap on microstrip patch antenna, IEEE Microwave and Guided Wave Letters, 1999, 9(1): 13-15.

[20] Kevin M, Leong H, Andrew C, et al. Coupling suppression in microstrip lines using

a bi-periodically perforated ground plane[J]. IEEE Microwave and Wireless Componets Letters, 2002, 12(5): 169 – 171.

[21] Kim T, Seo C. A novel photonic bandgap structure for low-pass filter of wide stopband[J]. IEEE Microwave and Guided Wave Letters, 2000, 10(1): 13 – 15.

[22] Harry C, Zhang L, Alexopoulos N G. Thin frequency-selective lattices integrated in novel compact MIC, MMIC, and PCA architectures[J]. IEEE Trans. Microwave Theory Tech., 1998, 46(11): 1936 – 1948.

[23] Ahn D, Park J S, Kim C S, et al. A design of the low-pass filter using the novel microstrip defected ground structure[J]. IEEE Trans. Microwave Theory Tech., 2001, 49(1): 86 – 93.

[24] Lim J S, Lee S W, Kim C S, et al. A 4 : 1 unequal Wilkinson power divider[J]. IEEE Microwave and Wireless Componets Letters, 2001, 11(3): 124 – 126.

[25] Lim J S, Kim H S, Park J S, et al. A power amplifier with efficiency improved using defected ground structure[J]. IEEE Microwave and Wireless Componets Letters, 2001, 11(4): 170 – 172.

[26] Lee Y T, Lim J S, Park J S, et al. A novel phase noise reduction technique in oscillators using defected ground structure[J], IEEE Microwave and Wireless Componets Letters, 2002, 12(2): 39 – 41.

[27] Sung Y J, Ahn C S, Kim Y S. Size reduction and harmonic suppression of rat-race hybrid coupler using defected ground structure[J]. IEEE Microwave and Wireless Componets Letters, 2004, 14(1): 7 – 9.

[28] Sung Y J, Kim M, Kim Y S. Harmonics reduction with defected ground structure for a microstrip patch antenna[J]. IEEE Antennas and Wireless Propagation Letters, 2003, 2: 111 – 113.

[29] Chen X Q, Shi X W, Guo Y C, et al. A novel dualband transmitter using microstrip defected ground structure[J]. Progress in Electromagnetics Research, 2008, 83: 1 – 11.

[30] Kim C S, Lim J S, Nam S, et al. Equivalent circuit modeling of spiral defected ground structure for microstrip line[J]. Electron Letters, 2002, 38(19): 1109 – 1110.

[31] Lim J S, Jeong Y C, Ahn D, et al. Size-reduction and harmonic-rejection of microwave amplifiers using spiral-defected ground structure// 33rd European Microwave Conference[C]. Munich:[作者不详], 2003: 1421 – 1424.

[32] Guha D, Biswas M, Antar Y M M. Microstrip patch antenna with defected ground structure for cross polarization suppression[J]. IEEE Antennas and Wireless Propagation Letters, 2005, 4(1): 455 – 458.

[33] Shi J, Chen J X, Xue Q. A quasi-elliptic function dual-band bandpass filter stacking spiral-shaped CPW defected ground structure and back-side coupled strip lines[J]. IEEE Microwave and Wireless Comp. Letters 2007, 17(6): 430 – 432.

[34] Park J S, Jung M S. A novel defected ground structure for an active device mounting

and its application to a microwave oscillator[J]. IEEE Microwave and Wireless Componets Letters, 2004, 14(5): 198-200.

[35] An J, Wang G M, Zeng W D, et al. UWB filter using defected ground structure of Von Koch fractal shape slot[J]. Progress in Electromagnetics Research Letters, 2009, 6: 61-66.

[36] Safwat A M E, Podevin F, Ferrari P, et al. Tunable bandstop defected ground structure resonator using reconfigurable dumbbell-shaped coplanar waveguide[J]. IEEE Trans. Microwave Theory Tech., 2006, 54(9): 3559-3564.

[37] Veselago V G. Electrodynamics of substances with simultaneously negative electrical and magnetic permeabilities[J]. Sov. Phys. Usp, 1968, 10(4): 5-12.

[38] Smith D R, Padilla W J, Vier D C, et al. Composite medium with simultaneously negative permeability and permittivity[J]. Physical Review Letters. 1996, 76(25): 4773-4776.

[39] Shelby R A, Smith D R, Schultz S. Experimental verification of a negative index of refraction[J]. Science, 2001, 292(6): 77-79.

[40] Falcone F, Marín F, Bonache J, et al. Coplanar waveguide structures loaded with split-ring resonators[J]. Microwave Opt Technol Letters, 2004, 40(1): 3-6.

[41] García-García J, Bonache J, Gil I, et al. Comparison of electromagnetic band gap and split-ring resonator microstrip lines as stop band structures[J]. Microwave Opt Technol Letters, 2005, 44(4): 376-379.

[42] Gil I, Bonache J, García-García J. et al. Tunable metamaterial transmission lines based on varactor-loaded split-ring resonators[J]. IEEE Trans. Microwave Theory Tech., 2006, 54(6): 2665-2674.

[43] Kehn M N M, Quevedo-Teruel, Rajo-Iglesias E. Split-ring resonator loaded waveguides with multiple stopbands[J]. Electron. Letters, 2008, 44(12): 714-716.

[44] Jitha B, Nimisha C S, Aanandan C K, et al. SRR loaded waveguide band rejection filter with adjustable bandwidth[J]. Microwave Opt Technol Letters, 2006, 48(7): 1427-1429.

[45] García-García J, Martín F, Falcone F, et al. Spurious passband suppression in microstrip coupled line band pass filters by means of split ring resonators[J]. IEEE Microwave and Wireless Components Letters, 2004, 14(9): 416-418.

[46] Lee J G, Lee J H. Suppression of spurious radiations of patch antennas using split-ring resonators (SRRs)[J]. Microwave Opt Technol Letters, 2006, 48(2): 283-287.

[47] 武明峰，孟繁义，吴群，等. 基于 DGS 和双层 SRRs 结构的左手介质微带线的设计[J]. 物理学波，2006，55(111)：5790-5794.

[48] Herraiz-Martínez F J, García-Munoz L E, González-Ovejero D, et al. Dual-frequency printed dipole loaded with split ring resonators[J]. IEEE Antennas and Wireless Propagation Letters, 2009, 8: 137-140.

[49] Kim Y J, Lee H M. Electrically small square loop antenna with a capacitive split ring resonator cover structure[J]. Microwave Opt Technol Letters, 2009, 51(3): 831-835.

[50] 蒋俊，谢拥军，王瑞，等. 基于SRR结构的多频带频率选择表面[J]. 电子器件，2009，32(1): 174-177.

[51] Zhao H, Cui T J. Novel triple-mode resonators using split-ring resonator[J]. Microwave Opt Technol Letters, 2007, 49(12): 2918-2922.

[52] Ying X, Alphones A. Propagation characteristics of complimentary split ring resonator (CSRR) based EBG structure[J]. Microwave Opt Technol Letters, 2005, 47(5): 409-412.

[53] Falcone F, Lopetegi T, Baena J D, et al. Effective negative-ε stopband microstrip lines based on complementary split ring resonators[J]. IEEE Microwave and Wireless Components Letters, 2004, 14(6): 280-282.

[54] Kim J, Cho C S, Lee J W. CPW bandstop filter using slot-type SRRs[J]. Electron. Letters, 2005, 41(24): 1333-1334.

[55] García-García J, Bonaehe J, Faleone F, et al. Stepped-impedance lowpass filters with spurious passband suppression[J]. Electron. Letters, 2004, 40(14): 881-883.

[56] Karthikeyan S S, Kshetrimayum R S. Compact, deep, and wide rejection bandwidth low-pass filter using open complementary split ring resonator[J]. Microwave Opt Technol Letters, 2011, 53(4): 845-848.

[57] Karthikeyan S S, Kshetrimayum R S. Harmonic suppression of parallel coupled microstrip line bandpass filter using CSRR[J]. Progress in Electromagnetics Research Letters, 2009, 7: 193-201.

[58] Bonache J, Martín F, García-García J, et al. Ultra wide band pass filters (UWBPF) based on complementary split rings resonators[J]. Microwave Opt Technol Letters, 2005, 46(3): 283-286.

[59] Zhang J, Cui B, Lin S, et al. Sharp-rejection low-pass filter with controllable transmission zero using complementary split ring resonators (CSRRS)[J]. Progress in Electromagnetics Research, 2007, 69: 219-226.

[60] Wu B, Li B, Liang C H. Design of lowpass filter using a novel split-ringresonator defected ground structure[J]. Microwave Opt Technol Letters, 2007, 49(2): 288-291.

[61] Lai X, Li Q, Qin P Y, et al. A novel wideband bandpass filter based on complementary split-ringresonator[J]. Progress in Electromagnetics Research C, 2008, 1: 177-184.

[62] Wu G L, Mu W, Dai X W, et al. Design of novel dual-band bandpass filter with microstrip meander-loop resonator and CSRR DGS[J]. Progress in Electromagnetics Research, 2008, 78: 17-24.

[63] Zhang X C, Yu Z Y, Xu J. Novel band-pass substrate integrated waveguide (SIW) filter based on complementary split ring resonators (CSRRS)[J]. Progress in Electromagnetics Research, 2007, 72: 39-46.

[64] Bahrami H, Hakkak M. Analysis and design of highly compact bandpass waveguide

filter utilizing complementary split ring resonators (CSRR)[J]. Progress in Electromagnetics Research, 2008, 80: 107-122.

[65] Liu L, Yin Y Z, Jie C, et al. A compact printed antenna using slot-type CSRR for 5.2 GHz/5.8 GHz band-notched UWB application[J]. Microwave Opt Technol Letters, 2008, 50(12): 3239-3242.

[66] Lee Y, Hao Y. Characterization of microstrip patch antennas on metamaterial substrates loaded with complementary split-ring resonators[J]. Microwave Opt Technol Letters. 2008, 50(8): 2131-2135.

[67] Zhang H, Li Y Q, Chen X, et al. Design of circularpolarization microstrip patch antennas with complementary split ring resonator[J]. IET Microw. Antennas Propag, 2009, 3(8): 1186-1190.

[68] 牛家晓. 谐振式左手传输线结构及其应用研究[D]. 上海：上海交通大学，2007.

[69] Bonache J, Sisó G, Gil M, et al. Application of composite right/left handed (CRLH) transmission lines based on complementary split ring resonators (CSRRs) to the design of dual-band microwave components[J]. IEEE Microwave and Wireless Components Letters, 2008, 18(8): 524-526.

[70] Wu B, Fan J W, Zhao L P, et al. Design of dual-band filter using defected splitringresonator combined with interdigital capacitor[J]. Microwave Opt Technol Letters, 2007, 49(9): 2104-2106.

第 2 章 一维介质型电磁晶体研究

2.1 引 言

一维介质型电磁晶体(周期分层介质结构)是一种最为简单的人工电磁结构,它存在于日常生活中的许多方面,例如微波炉中的磁电管、极化凸透镜上的防紫外线保护层等。对于微波领域,其主要应用于波导内部、反射面天线以及高方向性电磁晶体天线的设计中[1-2]。数值分析在电磁晶体的结构设计和工程应用中占据着非常重要的地位。本章主要描述平面波展开法和周期矩量法分析一维电磁晶体的基本理论,研究介电常数比、填充率等参数对带隙的影响。这不仅可以帮助理解介质型电磁晶体的带隙形成机理,而且可以对介质型电磁晶体结构以及各种电磁晶体天线的设计和优化提供理论支持。为叙述方便,本章所述的一维电磁晶体即指一维介质型电磁晶体。

2.2 基本原理

2.2.1 麦克斯韦方程组

麦克斯韦方程组(Maxwell's Equations)作为宏观电磁现象的总规律,是分析电磁场问题的基本出发点。在计算关于电磁波传播的问题时,都会考虑它。在无源的情况下,麦克斯韦方程组的微分表示形式如下:

$$\nabla \times \boldsymbol{E} = -\frac{\partial \boldsymbol{B}}{\partial t} \tag{2.1a}$$

$$\nabla \times \boldsymbol{H} = \frac{\partial \boldsymbol{D}}{\partial t} \tag{2.1b}$$

$$\nabla \cdot \boldsymbol{D} = 0 \tag{2.1c}$$

$$\nabla \cdot \boldsymbol{B} = 0 \tag{2.1d}$$

式中,$\boldsymbol{E}$ 为电场强度,$\boldsymbol{B}$ 为磁感应强度,$\boldsymbol{H}$ 为磁场强度,$\boldsymbol{D}$ 为电通量密度。

2.2.2 电磁波在介电常数周期性分布媒质中的传播

电磁晶体的介电常数在空间上周期分布,属于典型的周期性结构。电磁波入射在此周期性结构上,相邻单元的电场是由一个复传播常数联系起来的。当其只在 z 方向呈一维周期分布时,电场可表示为

$$E(x,y,z+a) = E(x,y,z)\,\mathrm{e}^{-\mathrm{j}\beta_0 a} \tag{2.2}$$

可见,$E(x,y,z)$ 是关于 z 的周期函数,周期为 a。式(2.2)中,β_0 代表 z 方向上 0 次谐波的相位

常数，$e^{-j\beta_0 a}$ 代表复传播常数。此式即为弗洛盖定理(Floquet's Theorem)的具体表述，它是求解周期性结构散射问题时常用的定理。

下面说明一维周期性结构中弗洛盖定理的具体推导过程。假设电磁波照射在一维周期性结构上，周期性结构上的电场存在如下形式：

$$E(x,y,z)=E_p(x,y,z)\,e^{-j\beta_0 z} \tag{2.3}$$

式中，$E_p(x,y,z)$ 在 z 方向上呈现周期性，其周期为 a。于是

$$E(x,y,z+a)=E_p(x,y,z+a)\,e^{-j\beta_0(z+a)} \tag{2.4}$$

$$E_p(x,y,z+a)=E_p(x,y,z) \tag{2.5}$$

将式(2.5)代入式(2.4)，可得

$$E(x,y,z+a)=E_p(x,y,z)\,e^{-j\beta_0(z+a)} \tag{2.6}$$

根据式(2.3)，可得

$$E(x,y,z+a)=E(x,y,z)\,e^{-j\beta_0 a} \tag{2.7}$$

此式与式(2.2)相同。

由傅里叶(Fourier)级数理论可知，周期为 a 的电场可以展开为关于 z 的周期函数，即

$$E(x,y,z)=\sum_n E_n(x,y)\,e^{-j\frac{2\pi n}{a}z}\,e^{-j\beta_0 z}=\sum_n E_n(x,y)\,e^{-j\beta_n z} \tag{2.8}$$

式中，系数 $E_n(x,y)=\frac{1}{a}\int_0^a E_n(x,y,z)\,e^{-j\frac{2\pi n}{a}z}\,dz$，$n$ 次谐波的相位常数 $\beta_n=\beta_0+\frac{2\pi n}{a}$。

2.3 平面波展开法

2.3.1 本征方程的推导

如图2.1所示，一维电磁晶体由 x 方向周期性排列的介质层所组成，而 y 和 z 两个方向无限延伸。实际中只要这两个方向的尺寸远大于 x 方向的尺寸，就可以认为是一维电磁晶体。设填充介质层的相对介电常数为 ε_a，厚度为 b，背景是相对介电常数为 ε_b 的均匀介质，周期间隔为 a，入射角为 ϕ，介电常数比 $\varepsilon_r=\varepsilon_a/\varepsilon_b(\varepsilon_a>\varepsilon_b)$，两种介质的磁导率均为 μ_0。

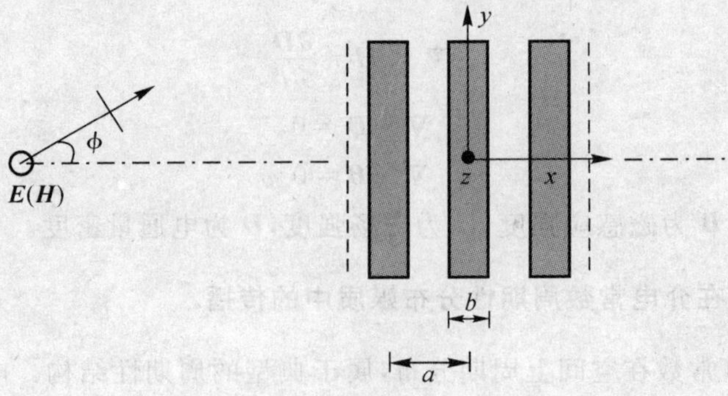

图2.1　一维电磁晶体结构示意图

以 TM_z 波入射为例，一维电磁晶体所满足的标量波动方程如下[2]：

$$-\frac{\mathrm{d}^2}{\mathrm{d}x^2}E_z(x,y)+k_y^2E_z(x,y)=k^2\varepsilon_r(x)E_z(x,y) \tag{2.9}$$

式中，$\hat{z}E_z(x,y)=\boldsymbol{E}(x,y)=\hat{z}E_p(x)\mathrm{e}^{-\mathrm{j}k_{x_0}x}\mathrm{e}^{-\mathrm{j}k_{y_0}y}$，$\hat{z}$ 表示 z 方向单位矢量，$E_p(x)$ 为在 x-y 平面传播的周期性电场，$k=\omega\sqrt{\varepsilon_0\varepsilon_b\mu_0}$（$\varepsilon_0$ 为空气的介电常数）为入射波数，$\omega=2\pi f$ 为本征角频率；入射波在 z 方向的波数 $k_z=0$，k_y 对应 y 方向的 Floquet 谐波，对于一维电磁晶体来说 $k_y=k_{y_0}$，k_{x_0} 和 k_{y_0} 分别是 x 方向和 y 方向的 0 阶 Floquet 谐波；相对介电常数分布函数 $\varepsilon_r(x)=\begin{cases}\varepsilon_r, & |x|\leqslant b/2\\ 1, & \text{其他}\end{cases}$。

由于电场和介电常数均为周期性分布，故可将其展开为 Fourier 级数形式：

$$E_p(x)=\sum_n a_n\mathrm{e}^{-\mathrm{j}\frac{2\pi n}{a}x} \tag{2.10a}$$

$$\varepsilon_r(x)=\sum_m b_m\mathrm{e}^{-\mathrm{j}\frac{2\pi m}{a}x} \tag{2.10b}$$

式中，a_n 和 b_m 分别为电场和介电常数的傅里叶展开系数，它们都只与 x 有关。

将式(2.10) 代入式(2.9)，整理可得

$$\sum_n\left[\left(\frac{2\pi n}{a}+k_{x_0}\right)^2+k_y^2\right]a_n\mathrm{e}^{-\mathrm{j}\frac{2\pi n}{a}x}=k^2\sum_n\sum_m a_nb_m\mathrm{e}^{-\mathrm{j}\frac{2\pi m}{a}x}\mathrm{e}^{-\mathrm{j}\frac{2\pi n}{a}x} \tag{2.11}$$

为了求解未知系数 a_n 和 b_m，将式(2.11) 两边同乘以一正交函数 $\mathrm{e}^{\mathrm{j}\frac{2\pi p}{a}x}$ 后，在一个周期单元进行积分，可得

$$\sum_n\left[\left(\frac{2\pi n}{a}+k_{x_0}\right)^2+k_y^2\right]a_n\delta\left(\frac{2\pi p}{a}-\frac{2\pi n}{a}\right)=k^2\sum_n\sum_m a_nb_m\delta\left(\frac{2\pi p}{a}-\frac{2\pi m}{a}-\frac{2\pi n}{a}\right) \tag{2.12}$$

式中，δ_{mn} 为克罗内克(Kronecker)δ 函数，$\delta_{mn}=\begin{cases}1, m=n\\ 0, m\neq n\end{cases}$。

将式(2.12) 进行卷积运算，得到如下矩阵形式：

$$\sum_n\left[\left(\frac{2\pi n}{a}+k_{x_0}\right)^2+k_y^2\right]a_n=k^2\sum_n\sum_m b_{n-m}a_n \tag{2.13}$$

式中，b_{n-m} 为结构系数，其解析表达式为

$$b_{n-m}=\frac{1}{a}\int_{-a/2}^{a/2}\varepsilon_r(x)\mathrm{e}^{-\mathrm{j}\frac{2\pi(n-m)}{a}x}\mathrm{d}x \tag{2.14}$$

式(2.13) 即为所求的一维电磁晶体在 TM_z 波入射时的本征方程。TE_z 波入射时本征方程的求解，与 TM_z 波相比所不同的是将磁场和介电常数的倒数进行傅里叶展开。这里直接给出一维电磁晶体在 TE_z 波入射时的本征方程

$$\sum_m b_{n-m}a_m\left[\left(\frac{2\pi n}{a}+k_{x_0}\right)^2+k_y^2-\frac{2\pi(n-m)}{a}\left(\frac{2\pi n}{a}+k_{x_0}\right)\right]=k^2a_n \tag{2.15}$$

式中，结构系数 b_{n-m} 的解析表达式为

$$b_{n-m}=\frac{1}{a}\int_{-a/2}^{a/2}\frac{1}{\varepsilon_r(x)}\mathrm{e}^{-\mathrm{j}\frac{2\pi(n-m)}{a}x}\mathrm{d}x \tag{2.16}$$

对比 TM_z 波和 TE_z 波的结构系数表达式可以看出，将 TM_z 波入射时结构系数表达式中的介电常数改为其倒数形式，就可得到 TE_z 波入射时的结构系数表达式，所以在求解结构系数时，只须积分求解其中一个即可。

2.3.2 结构系数的求解

对于不同类型的一维电磁晶体，其本质区别就在介质分布函数上，体现在本征方程中，就是结构系数 b_{n-m} 的不同。

首先推导一下普通分层介质结构一维电磁晶体的结构系数。此类型电磁晶体结构如图2.1所示。

以 TM_z 波为例，结构系数

$$b_{n-m}=\frac{1}{a}\int_{-\frac{a}{2}}^{\frac{a}{2}}\varepsilon_{\mathrm{r}}(x)\,\mathrm{e}^{-\mathrm{j}\frac{2\pi(n-m)}{a}x}\mathrm{d}x \tag{2.17}$$

将介质分布函数表达式代入式(2.17)，可得

$$b_{n-m}=\frac{1}{a}\int_{-\frac{b}{2}}^{\frac{b}{2}}(\varepsilon_{\mathrm{r}}-1)\,\mathrm{e}^{-\mathrm{j}\frac{2\pi(n-m)}{a}x}\mathrm{d}x+\frac{1}{a}\int_{-\frac{a}{2}}^{\frac{a}{2}}(1)\,\mathrm{e}^{-\mathrm{j}\frac{2\pi(n-m)}{a}x}\mathrm{d}x=$$
$$\frac{b}{a}(\varepsilon_{\mathrm{r}}-1)\sin c\,\frac{\pi(n-m)b}{a}+\delta_{mn} \tag{2.18}$$

式中，$\sin c(x)=\dfrac{\sin(x)}{x}$。

对于 TE_z 情形，结构系数的具体形式为

$$b_{n-m}=\frac{b}{a}\left(\frac{1}{\varepsilon_{\mathrm{r}}}-1\right)\sin c\,\frac{\pi(n-m)b}{a}+\delta_{mn} \tag{2.19}$$

下面介绍一维可调谐电磁晶体结构系数的求解。一维可调谐电磁晶体结构如图2.2所示，它由 x 方向周期性排列的厚度为 l 的介质层、厚度为 b 的调谐层以及空气背景所组成，它是在普通一维电磁晶体中加入可调谐层构成的。设介质层和调谐层的相对介电常数为 ε_{a}，背景为相对介电常数 $\varepsilon_{\mathrm{b}}=1$ 的空气，虚线包围的结构代表一个周期单元，周期间隔为 a，入射角为 ϕ，$\boldsymbol{s}=s\hat{\boldsymbol{x}}$ 代表调谐层的位移矢量，$\hat{\boldsymbol{x}}$ 代表 x 方向的单位矢量。

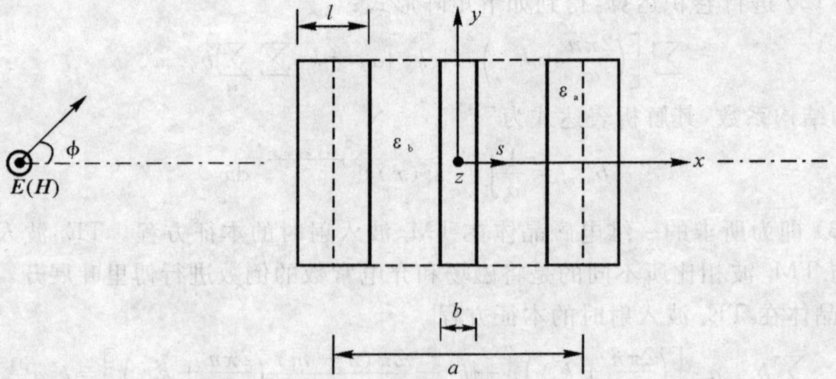

图 2.2 一维可调谐电磁晶体结构示意图

一维可调谐电磁晶体结构系数的求解与普通一维电磁晶体结构系数的求解过程相同，唯一不同的是代入结构系数求解式中的介电常数分布函数，这是由其自身结构所决定的。一维可调谐电磁晶体结构系数 b_{n-m} 的求解结果如下：

$$b_{n-m}=\frac{1}{a}\int_{-\frac{b}{2}}^{\frac{b}{2}}(\varepsilon_r-1)\,e^{-j\frac{2\pi(n-m)}{a}(x+s)}\,dx+\frac{1}{a}\int_{-\frac{l}{2}}^{\frac{l}{2}}(\varepsilon_r-1)\,e^{-j\frac{2\pi(n-m)}{a}\left(x+\frac{a}{2}\right)}\,dx+$$
$$\frac{1}{a}\int_{-\frac{a}{2}}^{\frac{a}{2}}(1)\,e^{-j\frac{2\pi(n-m)}{a}x}\,dx=\frac{b}{a}(\varepsilon_r-1)\sin c\,\frac{\pi(n-m)b}{a}e^{-j\frac{2\pi(n-m)}{a}s}+$$
$$\frac{l}{a}(\varepsilon_r-1)\sin c\,\frac{\pi(n-m)l}{a}e^{-j\pi(n-m)}+\delta_{mn}\quad(\mathrm{TM}_z)\tag{2.20a}$$

$$b_{n-m}=\frac{1}{a}\int_{-\frac{b}{2}}^{\frac{b}{2}}\left(\frac{1}{\varepsilon_r}-1\right)e^{-j\frac{2\pi(n-m)}{a}(x+s)}\,dx+\frac{1}{a}\int_{-\frac{l}{2}}^{\frac{l}{2}}\left(\frac{1}{\varepsilon_r}-1\right)e^{-j\frac{2\pi(n-m)}{a}\left(x+\frac{a}{2}\right)}\,dx+$$
$$\frac{1}{a}\int_{-\frac{a}{2}}^{\frac{a}{2}}(1)\,e^{-j\frac{2\pi(n-m)}{a}x}\,dx=\frac{b}{a}\left(\frac{1}{\varepsilon_r}-1\right)\sin c\,\frac{\pi(n-m)b}{a}e^{-j\frac{2\pi(n-m)}{a}s}+$$
$$\frac{l}{a}\left(\frac{1}{\varepsilon_r}-1\right)\sin c\,\frac{\pi(n-m)l}{a}e^{-j\pi(n-m)}+\delta_{mn}\quad(\mathrm{TE}_z)\tag{2.20b}$$

对于多种介电常数分布的一维电磁晶体，只须将介质分布函数代入结构系数求解表达式中，采用和上面相同的过程，即可得出其结构系数表达式。

2.3.3　本征方程的求解

对于 TM_z 波入射，式(2.13) 可表示为以下矩阵形式：

$$\boldsymbol{A}\boldsymbol{x}=\lambda\boldsymbol{B}\boldsymbol{x}\tag{2.21}$$

式中，λ 为广义特征值，$\boldsymbol{x}\neq\boldsymbol{0}$ 为对应的广义特征向量。在理论分析时，傅里叶级数展开应为无限项，由于受计算机存储量的限制，傅里叶级数只能展开为有限项，因此只能求解出有限的频率。下面以5个平面波展开为例，其 m,n 取值为(−2，−1，0，1，2)。式(2.21) 中各矩阵、向量和特征值表达式分别为

$$\boldsymbol{A}=\begin{bmatrix}A_{-2,-2}&A_{-2,-1}&A_{-2,0}&A_{-2,1}&A_{-2,2}\\A_{-1,-2}&A_{-1,-1}&A_{-1,0}&A_{-1,1}&A_{-1,2}\\A_{0,-2}&A_{0,-1}&A_{0,0}&A_{0,1}&A_{0,2}\\A_{1,-2}&A_{1,-1}&A_{1,0}&A_{1,1}&A_{1,2}\\A_{2,-2}&A_{2,-1}&A_{2,0}&A_{2,1}&A_{2,2}\end{bmatrix}\tag{2.22}$$

$$A_{mn}=\begin{cases}\left(\dfrac{2\pi n}{a}+k_{x_0}\right)^2+k_y^2, & m=n\\0, & m\neq n\end{cases}\tag{2.23}$$

$$\boldsymbol{B}=\begin{bmatrix}B_{-2,-2}&B_{-2,-1}&B_{-2,0}&B_{-2,1}&B_{-2,2}\\B_{-1,-2}&B_{-1,-1}&B_{-1,0}&B_{-1,1}&B_{-1,2}\\B_{0,-2}&B_{0,-1}&B_{0,0}&B_{0,1}&B_{0,2}\\B_{1,-2}&B_{1,-1}&B_{1,0}&B_{1,1}&B_{1,2}\\B_{2,-2}&B_{2,-1}&B_{2,0}&B_{2,1}&B_{2,2}\end{bmatrix}\tag{2.24}$$

$$B_{mn}=b_{n-m}\tag{2.25}$$

$$\lambda=k_0^2=\left(\frac{\omega}{c}\right)^2\tag{2.26}$$

$$\boldsymbol{x}=[a_{-2}\quad a_{-1}\quad a_0\quad a_1\quad a_2]^{\mathrm{T}}\tag{2.27}$$

$\boldsymbol{A}$ 和 $\boldsymbol{B}$ 均为5阶方阵，由此可见矩阵阶次与平面波展开个数相等。

对于 TE_z 入射,式(2.15)的矩阵形式为 $\boldsymbol{Ax}=\lambda\boldsymbol{x}$,原来的问题就变为了一个普通的特征值问题,其矩阵、向量及特征值表达式和 TM_z 波入射时相同。

至此,原有问题就被转化为求解特征值的问题。由式(2.26)可知,特征值与频率的二次方成正比关系,由此可以通过改变传播常数 k_{x_0} 和 k_y,求解出对应的归一化频率 $\omega a/(2\pi c)=fa/c$(c 代表真空光速)或频率 f,作出传播常数与频率关系图。这样,就可很直观地反映出完整的带隙结构。

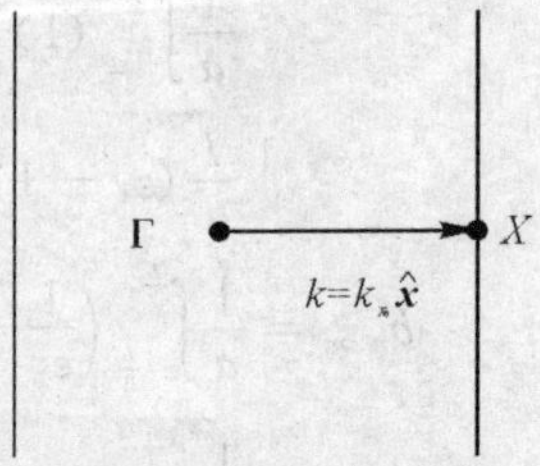

图 2.3　一维电磁晶体的简约布里渊区

需要说明的是,传播常数的采样范围一般限定在电磁晶体的简约布里渊区(Irreducible Brillouin Zone)内。一维电磁晶体的简约布里渊区如图 2.3 所示,其中 $k_{x_0}\in[0,\pi/a]$。而 k_y 的取值则与方向有关,例如当电磁波垂直入射时,$k_y=0$。

2.4　算例及分析

本节通过几个算例来验证平面波展开法分析一维电磁晶体带隙结构的正确性及有效性,并在此基础上分析参数(如介电常数比、填充率等)的选取对普通一维电磁晶体带隙结构的影响。针对一维可调谐电磁晶体具有调谐层这一特殊结构,分析调谐层参数(如调谐层厚度、位移量)对带隙结构的影响。

2.4.1　普通一维电磁晶体

一维电磁晶体参数选择如下:填充率 $b/a=0.37$,周期间隔 $a=2\ 000$ nm,填充介质层的相对介电常数 $\varepsilon_a=5.525$,背景介质的相对介电常数 $\varepsilon_b=1.904\ 4$,横电波入射,入射角 $\phi=0°$,即垂直入射 $k_y=0$,采用 81 个平面波展开。采用平面波展开法求解得到的带隙结构如图 2.4(a)所示,图中 ω_0 表示第一禁带的中心角频率,$k_{x_0}a$ 表示归一化传播常数,圆圈代表本书的计算结果,实线代表参考文献[4]中采用特征矩阵法的计算结果。由图 2.4(a)可以看出,本书的计算结果与文献结果吻合较好。当横磁波入射时,计算参数选择不变,求解得到的带隙结构如图 2.4(b)所示。

对比两种不同极化波垂直入射的带隙结构图,可以看出,当垂直入射时得出的带隙结构是相同的。这是因为垂直入射时,横电波和横磁波都退化为 TEM 波的缘故。

下面利用平面波展开法来分析介电常数比、填充率等参数对带隙结构的影响。首先来讨论介电常数比不同的情况。计算参数选择如下:填充率 $b/a=0.5$,平面波展开个数取 81 个,介电常数比 ε_r 分别取 10.2/1,10.2/5 和 10.2/10.2,垂直入射。计算得出的带隙结构如图 2.5 所示,不同介电常数比 ε_r 对应的带隙宽度 $\Delta fa/c$ 如表 2.1 所示。其中,fa/c 表示归一化频率,Δf 表示阻带频率宽度。

表 2.1　介电常数比 ε_r 与带隙宽度 $\Delta fa/c$ 的对应关系

介电常数比 ε_r	10.2/1	10.2/5	10.2/10.2
带隙宽度 $\Delta fa/c$	0.113 5	0.040 0	0

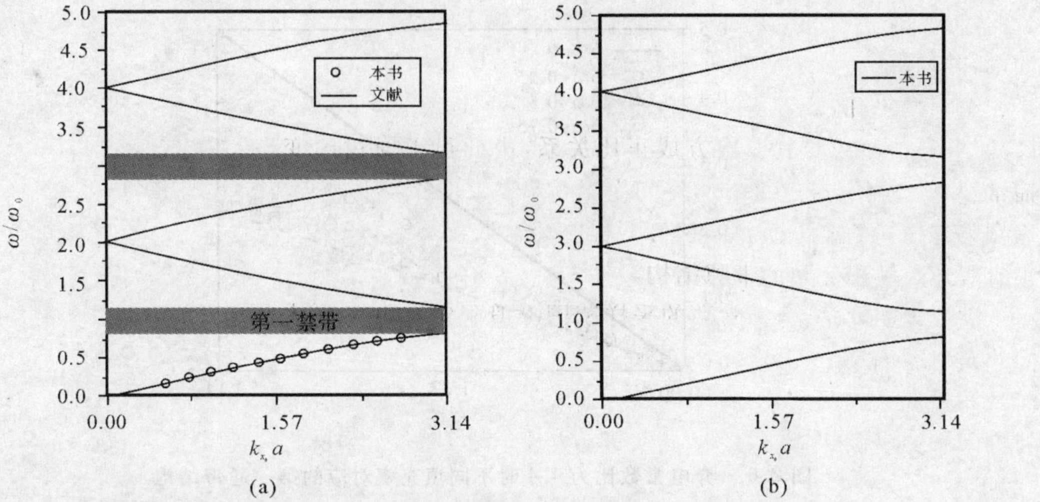

图 2.4　垂直入射时一维电磁晶体的带隙结构

(a) 横电波；(b) 横磁波

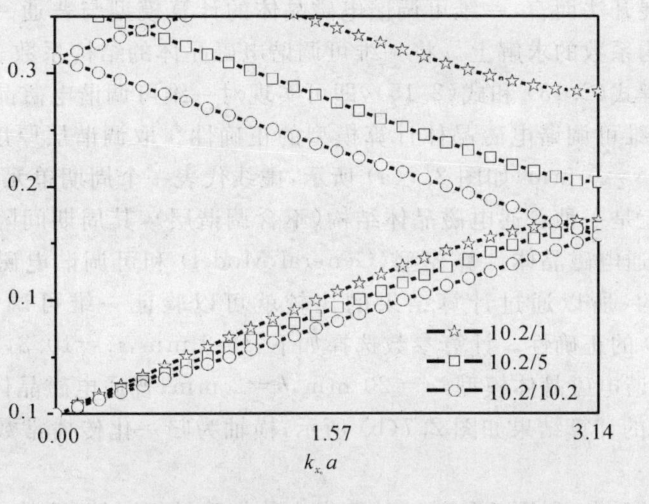

图 2.5　填充率取 0.5 时不同介电常数比对应的带隙结构

从表 2.1 中可以看出，介电常数比越高，其对应的带隙宽度越大。当介电常数比为 10.2/10.2＝1 时，即整体为一均匀介质，色散曲线为一组直线，且直线间两两相交，所以中间不存在带隙，这与实际是相符的。

下面讨论不同填充率对带隙结构的影响。计算参数选择如下：介电常数比 $\varepsilon_r=4.4$（$\varepsilon_a=4.4$），81 个平面波展开，填充率 b/a 分别取 0，0.25，0.5，0.75 和 1，垂直入射。采用平面波展开法计算得到的第一通带结构如图 2.6 所示。

由图 2.6 分析可知，第一通带宽度随填充率的增大而减小。当 $b/a=0$ 或 1 时，晶体为一均匀介质，是没有带隙的，色散曲线为一直线，这与上一步的讨论结果是吻合的。

从上面几个算例可以看出，用平面波展开法分析电磁晶体的带隙结构是简便、有效的。通过研究不同介电常数比和不同填充率下的带隙可以得出结论，调整介电常数比以及填充率，能对带隙产生影响，这可以为一维电磁晶体结构设计及应用提供理论基础和实践参考。

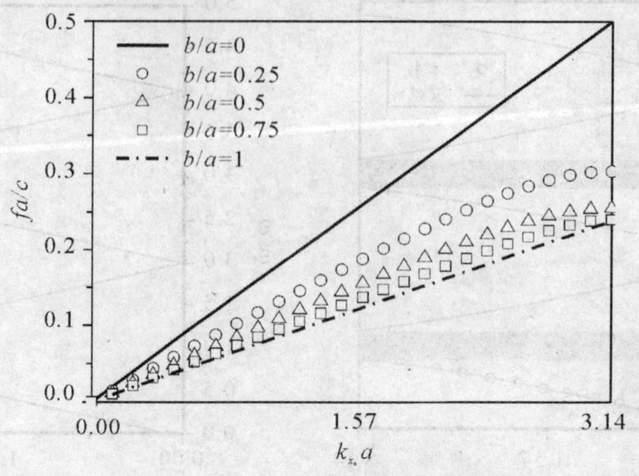

图 2.6　介电常数比为 4.4 时不同填充率对应的第一通带结构

2.4.2　一维可调谐电磁晶体

对于平面波展开法而言，一维可调谐电磁晶体的计算模型与普通一维电磁晶体的计算模型的区别只在结构系数的求解上。将一维可调谐电磁晶体的结构系数表达式代入一维电磁晶体对应的本征方程式(2.13)和式(2.15)，即可实现对一维可调谐电磁晶体带隙结构的求解。

首先，验证一维可调谐电磁晶体计算模型的正确性。取调谐层厚度 b 与介质层厚度 l 相等，调谐层位移量 $s=0$ mm，如图 2.7(a) 所示，虚线代表一个周期单元。由图中可以看出，这种调谐结构实际上是一种普通电磁晶体结构(不含调谐层)，其周期间隔为可调谐结构周期间隔的一半，采用普通电磁晶体计算模型(General Model) 和可调谐电磁晶体计算模型得到的带隙应该是一样的，所以通过计算结果的比较就可以验证一维可调谐电磁晶体计算模型(Tunable Model) 的正确性。计算参数选择如下：$l=2$ mm，$\varepsilon_r=10.2$，81 个平面波展开，横磁波垂直入射；可调谐电磁晶体模型，$a=20$ mm，$b=2$ mm；普通电磁晶体模型，$a=10$ mm，$b=0$ mm。两种模型的计算结果如图 2.7(b) 所示，横轴为归一化传播常数 $k_{x_0}a$，纵轴为频率，图中灰带表示带隙。

从图 2.7 可以看出，利用两种模型计算得出的带隙是相同的，这从一个侧面验证了可调谐电磁晶体计算模型的正确性。

与普通一维电磁晶体相比，一维可调谐电磁晶体的结构特殊性体现在调谐层上。因此，下面就来讨论调谐层参数(调谐层厚度 b、位移量 s) 对带隙结构的影响。首先，讨论调谐层厚度 b 对带隙结构的影响。计算参数选择如下：调谐层位移量 $s=0$ mm，$a=20$ mm，$l=2$ mm，$\varepsilon_r=10.2$，81 个平面波展开，横磁波垂直入射，b 分别取 2 mm，6 mm 和 10 mm，计算结果如图 2.8 所示。

从图 2.8 可以看出，当调谐层厚度增加时，电磁晶体的第一带隙频率下降，在相同频率范围内带隙个数随之增加。

下面再来讨论一下位移量 s 对带隙结构的影响。计算参数选择如下：$a=20$ mm，$b=4$ mm，$l=2$ mm，$\varepsilon_r=10.2$，81 个平面波展开，横磁波垂直入射，调谐层位移量 s 分别取 0 mm，2 mm 和 4 mm。计算结果如图 2.9 所示。

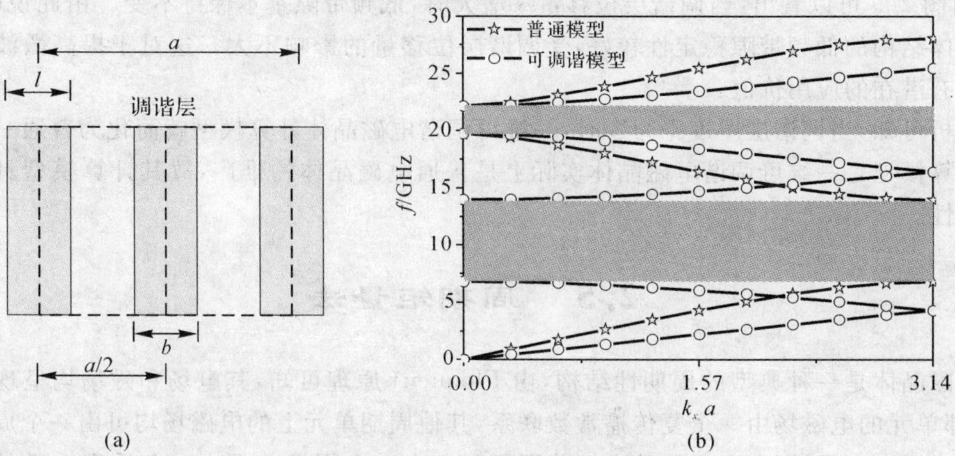

图 2.7　周期单元结构及两种模型计算结果对比

(a) 周期单元结构；(b) 带隙结构

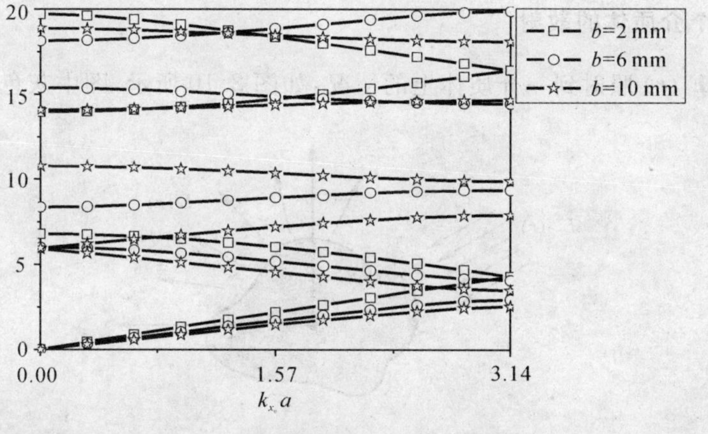

图 2.8　不同调谐层厚度下的带隙结构

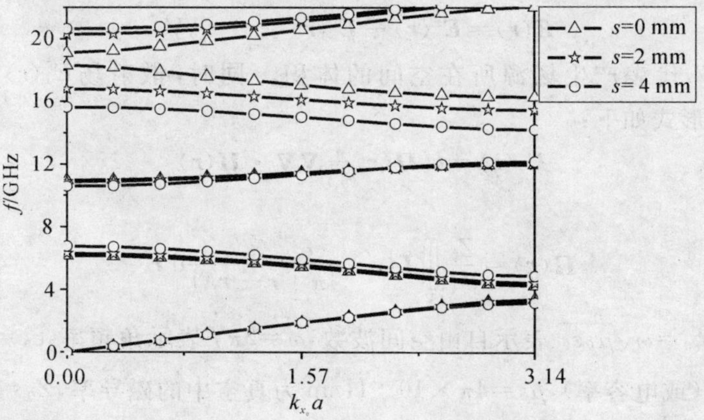

图 2.9　不同位移量下的带隙结构

由图 2.9 可以看出，当调谐层位移量 s 增大时，低频带隙基本保持不变。由此说明，此类电磁晶体结构的低频带隙稳定性较好，受调谐层位移量的影响不大。这对于提高微波器件的稳定性有潜在的应用价值。

分析可知，当调谐层厚度 b 为零时，一维可调谐电磁晶体计算模型就简化为普通一维电磁晶体计算模型。一维可调谐电磁晶体实际上是普通电磁晶体的推广，故其计算模型具有更好的通用性。

2.5 周期矩量法

电磁晶体是一种典型的周期性结构，由 Floquent 原理可知，其电场和磁场均呈现周期分布，相邻单元的电磁场由一个复传播常数联系，其他周期单元上的电磁场均可由一个周期单元上的电磁场来表示，因此电磁场的求解范围可限定在一个周期单元内。介质型电磁晶体是单个介质体的周期排列，为了更好地说明电磁晶体电场积分方程的推导，首先介绍单个介质体的散射模型。

2.5.1 单个介质体的散射

考虑入射波 $\boldsymbol{E}^{\mathrm{i}}(\boldsymbol{r})$ 照射到一介质体上的情况，如图 2.10 所示，图中灰色部分代表介质体。

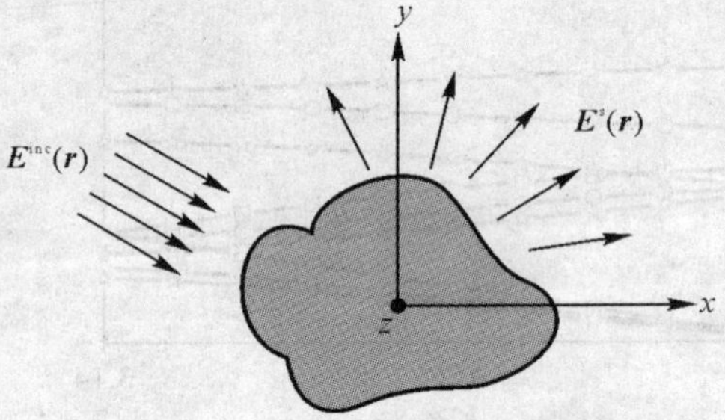

图 2.10　单个介质体的散射模型

在空间中，总场 $\boldsymbol{E}(\boldsymbol{r})$ 等于入射场 $\boldsymbol{E}^{\mathrm{i}}(\boldsymbol{r})$ 与散射场 $\boldsymbol{E}^{\mathrm{s}}(\boldsymbol{r})$ 之和，即

$$\boldsymbol{E}(\boldsymbol{r})=\boldsymbol{E}^{\mathrm{s}}(\boldsymbol{r})+\boldsymbol{E}^{\mathrm{i}}(\boldsymbol{r}),\quad \boldsymbol{r}\in V \tag{2.28}$$

式中，$\boldsymbol{r}$ 代表场点，V 代表产生场源所在空间的体积。同时，散射场 $\boldsymbol{E}^{\mathrm{s}}(\boldsymbol{r})$ 可以用赫兹矢量 $\boldsymbol{\Pi}(\boldsymbol{r})$ 来表示，具体形式如下：

$$\boldsymbol{E}^{\mathrm{s}}(\boldsymbol{r})=k_0^2\boldsymbol{\Pi}(\boldsymbol{r})+\nabla\nabla\cdot\boldsymbol{\Pi}(\boldsymbol{r}) \tag{2.29}$$

其中

$$\boldsymbol{\Pi}(\boldsymbol{r})=\frac{Z_0}{\mathrm{j}k_0}\iiint_V\boldsymbol{J}(\boldsymbol{r}')\frac{\mathrm{e}^{-\mathrm{j}k_0|\boldsymbol{r}-\boldsymbol{r}'|}}{4\pi|\boldsymbol{r}-\boldsymbol{r}'|}\mathrm{d}\boldsymbol{r}' \tag{2.30}$$

式中，$\boldsymbol{r}'$ 表示源点，$k_0=\omega\sqrt{\mu_0\varepsilon_0}$ 表示自由空间波数，$\omega=2\pi f$ 表示角频率，$\varepsilon_0=8.85\times10^{-12}$ F/m 为真空的介电常数(或电容率)，$\mu_0=4\pi\times10^{-7}$ H/m 为真空中的磁导率，$Z_0=\sqrt{\mu_0/\varepsilon_0}$ 表示自由空间本征波阻抗。

在真空背景中，介质体内的电通量密度 $\boldsymbol{D}$ 可由电场 $\boldsymbol{E}$ 和单位体积的电偶极矩 $\boldsymbol{P}$ 表示为

$$\boldsymbol{D}=\varepsilon_0\boldsymbol{E}+\boldsymbol{P} \tag{2.31}$$

由于极化电流 $\boldsymbol{J}$ 与单位体积的电偶极矩 $\boldsymbol{P}$ 存在如下关系：

$$\boldsymbol{J}=\frac{\partial}{\partial t}\boldsymbol{P} \tag{2.32}$$

将 $\boldsymbol{P}$ 所满足的关系式(2.31) 代入式(2.32)，可得

$$\boldsymbol{J}=\frac{\partial}{\partial t}(\boldsymbol{D}-\varepsilon_0\boldsymbol{E}) \tag{2.33}$$

对于均匀、线性各向同性媒质，满足如下本构关系：

$$\boldsymbol{D}=\varepsilon\boldsymbol{E}=\varepsilon_r\varepsilon_0\boldsymbol{E} \tag{2.34}$$

式中，ε 是媒质的介电常数，ε_r 为相对介电常数。

将本构关系代入式(2.33)，可得极化电流与电场满足如下关系：

$$\boldsymbol{J}=\frac{\partial}{\partial t}(\varepsilon\boldsymbol{E}-\varepsilon_0\boldsymbol{E})=\frac{\partial}{\partial t}(\varepsilon-\varepsilon_0)\boldsymbol{E} \tag{2.35}$$

由于研究的是时谐电磁场问题，电场表达式中含有 $e^{j\omega t}$，则有

$$\boldsymbol{J}=j\omega(\varepsilon-\varepsilon_0)\boldsymbol{E}=jk_0Y_0(\varepsilon_r-1)\boldsymbol{E} \tag{2.36}$$

式中，$Y_0=1/Z_0$ 为自由空间本征导纳。

由此可见，只要得到介质体内的极化电流，就可实现对电、磁场及其他相关参数的求解。因此，问题的关键在于求解介质体内的极化电流。

2.5.2　电场积分方程及本征方程

一维电磁晶体单元结构如图 2.11 所示，a 为周期间隔，灰色代表厚度为 b 的填充介质层，填充介质的相对介电常数为 ε_r，白色代表空气背景。

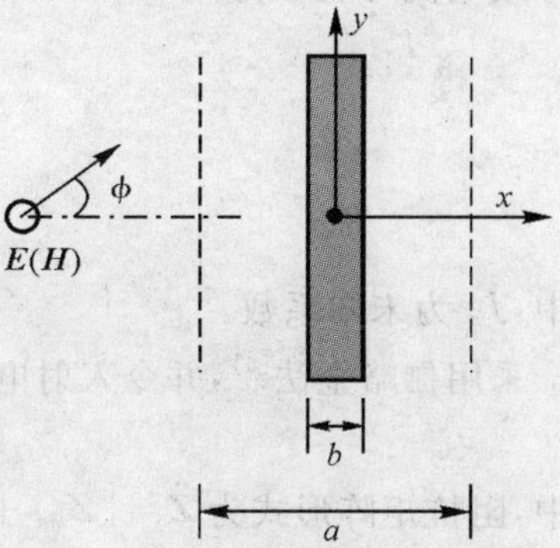

图 2.11　单个周期单元

当 TM_z 波入射时，电场只存在 z 向分量，极化电流也只有 z 向分量。将填充介质用等效电流代替，根据式(2.36)，等效电流可表示为

$$J_z(x)=jk_0Y_0(\varepsilon_r(x)-1)E_z(x) \tag{2.37}$$

式中，$\varepsilon_r(x)$ 为介电常数分布函数。

由于介质在 x 方向呈周期分布，根据 Floquet 定理，其等效电流满足

$$J_z(x+pa)=J_z(x)e^{-jk_{x_0}pa} \tag{2.38}$$

将式(2.38) 代入式(2.30) 可求解出一维电磁晶体散射场，具体形式如下[2]：

$$E_z^s(x)=-jk_0Z_0\int_{-\frac{b}{2}}^{\frac{b}{2}}J_z(x')\sum_p e^{-jk_{x_0}pa}\frac{e^{-j\sqrt{k_0^2-k_y^2}|x-x'-pa|}}{2j\sqrt{k_0^2-k_y^2}}dx' \tag{2.39}$$

式中，$p\in[-(N_p-1)/2,(N_p-1)/2]$，$p$ 取整数，N_p 表示 x 方向的 Floquet 模数。

将式(2.39) 代入式(2.28)，可得

$$-jk_0Z_0\int_{-\frac{b}{2}}^{\frac{b}{2}}J_z(x')\sum_p e^{-jk_{x_0}pa}\frac{e^{-j\sqrt{k_0^2-k_y^2}|x-x'-pa|}}{2j\sqrt{k_0^2-k_y^2}}dx'+\frac{J_z(x)}{jk_0Y_0(\varepsilon_r(x)-1)}=E_z^i(x) \tag{2.40}$$

利用泊松(Poission) 求和公式,可将上式化简为

$$-\frac{\mathrm{j}k_0 Z_0}{a}\int_{-\frac{b}{2}}^{\frac{b}{2}} J_z(x')\sum_p \frac{\mathrm{e}^{-\mathrm{j}k_{x_p}(x-x')}}{k_0^2-k_{x_p}^2-k_y^2}\mathrm{d}x' + \frac{J_z(x)}{\mathrm{j}k_0 Y_0(\varepsilon_r(x)-1)} = E_z^{\mathrm{i}}(x) \tag{2.41}$$

此式即为 TM_z 波入射情形下一维电磁晶体所满足的电场积分方程(EFIE)。

对于 TE_z 波入射情形,一维电磁晶体所满足的电场积分方程可采用相同的推导过程得到,其表达式如下:

$$\begin{aligned}&-\frac{\mathrm{j}k_0 Z_0}{a}\int_{-\frac{b}{2}}^{\frac{b}{2}} J_x(x')\sum_p\left(1-\frac{k_{x_p}^2}{k_0^2}\right)\frac{\mathrm{e}^{-\mathrm{j}k_{x_p}(x-x')}}{k_0^2-k_{x_p}^2-k_y^2}\mathrm{d}x' + \\ &\frac{\mathrm{j}k_0 Z_0}{a}\int_{-\frac{b}{2}}^{\frac{b}{2}} J_y(x')\sum_p\left(\frac{k_{x_p}k_y}{k_0^2}\right)\frac{\mathrm{e}^{-\mathrm{j}k_{x_p}(x-x')}}{k_0^2-k_{x_p}^2-k_y^2}\mathrm{d}x' + \frac{J_x(x)}{\mathrm{j}k_0 Y_0(\varepsilon_r(x)-1)} = E_x^{\mathrm{i}}(x)\end{aligned} \tag{2.42a}$$

$$\begin{aligned}&-\frac{\mathrm{j}k_0 Z_0}{a}\int_{-\frac{b}{2}}^{\frac{b}{2}} J_y(x')\sum_p\left(1-\frac{k_y^2}{k_0^2}\right)\frac{\mathrm{e}^{-\mathrm{j}k_{x_p}(x-x')}}{k_0^2-k_{x_p}^2-k_y^2}\mathrm{d}x' + \\ &\frac{\mathrm{j}k_0 Z_0}{a}\int_{-\frac{b}{2}}^{\frac{b}{2}} J_x(x')\sum_p\left(\frac{k_{x_p}k_y}{k_0^2}\right)\frac{\mathrm{e}^{-\mathrm{j}k_{x_p}(x-x')}}{k_0^2-k_{x_p}^2-k_y^2}\mathrm{d}x' + \frac{J_y(x)}{\mathrm{j}k_0 Y_0(\varepsilon_r(x)-1)} = E_y^{\mathrm{i}}(x)\end{aligned} \tag{2.42b}$$

式中,x' 代表源点,x 代表场点;k_y 表示 y 方向对应的 Floquet 谐波,对于一维结构 $k_y = k_{y_0}$,$k_{x_p} = 2\pi p/a + k_{x_0}$,$k_{x_0}$ 表示 x 方向对应的 0 阶 Floquet 谐波。

下面以 TM_z 波入射为例,说明矩量法是如何将电场积分方程化为矩阵方程的。将周期单元在 x 方向分成 N 小段 ΔC_n,每一小段的长度 $\Delta x = b/N$,每一段中的等效电流用常数模拟,于是等效电流可表示为

$$J_z = \sum_{n=1}^{N} J_n \Pi_n(x) \tag{2.43}$$

$$\Pi_n(x) = \begin{cases}1, & x\in\Delta C_n\\ 0, & x\notin\Delta C_n\end{cases} \tag{2.44}$$

式中,J_n 为未知系数。

采用伽略金法[5],并令入射电场为零,可将式(2.41) 所示的 EFIE 化为矩阵方程形式

$$\mathbf{Z}\cdot\mathbf{J} = 0 \tag{2.45}$$

式中,阻抗矩阵形式为 $\mathbf{Z} = [Z_{mn} + \delta Z_{mn}]$,矩阵元素为

$$Z_{mn} = K_0\sum_p \sin c^2\left(\frac{k_{x_p}\Delta x}{2}\right)\frac{\mathrm{e}^{-\mathrm{j}k_{x_p}(x_m-x_n)}}{k_0^2-k_{x_p}^2-k_y^2} \tag{2.46}$$

$$\delta Z_{mn} = -\frac{\delta_{mn}\Delta x}{\mathrm{j}k_0 Y_0(\varepsilon_r-1)} \tag{2.47}$$

式中,系数 $K_0 = \dfrac{\mathrm{j}k_0 Z_0\ (\Delta x)^2}{a}$。$\mathrm{TE}_z$ 波入射时,采用与以上相同的处理过程所得阻抗矩阵形式为 $\mathbf{Z} = \begin{bmatrix} Z_{mn}^{xx}+\delta Z_{mm}^{xx} & Z_{mn}^{xy} \\ Z_{mn}^{yx} & Z_{mn}^{yy}+\delta Z_{mm}^{yy}\end{bmatrix}$,矩阵元素为

$$Z_{mn}^{xx} = K_0\sum_p\left(1-\frac{k_{x_p}^2}{k_0^2}\right)\sin c^2\left(\frac{k_{x_p}\Delta x}{2}\right)\frac{\mathrm{e}^{-\mathrm{j}k_{x_p}(x_m-x_n)}}{k_0^2-k_{x_p}^2-k_y^2} \tag{2.48}$$

$$Z_{mn}^{xy}=K_0\sum_p\left(-\frac{k_{x_p}k_y}{k_0^2}\right)\sin c^2\left(\frac{k_{x_p}\Delta x}{2}\right)\frac{\mathrm{e}^{-\mathrm{j}k_{x_p}(x_m-x_n)}}{k_0^2-k_{x_p}^2-k_y^2} \tag{2.49}$$

$$Z_{mn}^{yx}=Z_{mn}^{xy} \tag{2.50}$$

$$Z_{mn}^{yy}=K_0\sum_p\left(1-\frac{k_y^2}{k_0^2}\right)\sin c^2\left(\frac{k_{x_p}\Delta x}{2}\right)\frac{\mathrm{e}^{-\mathrm{j}k_{x_p}(x_m-x_n)}}{k_0^2-k_{x_p}^2-k_y^2} \tag{2.51}$$

$$\delta Z_{mm}^{xx}=-\frac{\delta_{mn}\Delta x}{\mathrm{j}k_0Y_0(\varepsilon_r-1)} \tag{2.52}$$

$$\delta Z_{mm}^{yy}=\delta Z_{mm}^{xx} \tag{2.53}$$

若此方程有非零解，则要求阻抗矩阵 $\boldsymbol{Z}$ 的行列式必须为零，即 $\det|\boldsymbol{Z}|=0$。由此得到一个非线性本征方程，其中包含了归一化传播常数 $k_{x_0}a$ 和归一化频率 fa/c 的函数关系。采用搜索法解之，可得到它们之间的函数值对应关系，通常被称为色散关系。将色散关系反映在图中就得到了电磁晶体的色散曲线，图中可以很直观地反映出电磁晶体的带隙结构。

2.5.3　本征方程的求解

对于上述本征方程，可采用固定入射波数搜索法求解，此方法的具体步骤为：① 设定入射波数 k_0（或归一化频率 fa/c）；② 按固定步长改变传播常数 k_{x_0}（传播常数取值限定在简约布里渊区内）；③ 求解 $abs(\det|\boldsymbol{Z}|)$；④ 比较不同传播常数下的 $abs(\det|\boldsymbol{Z}|)$，其最小值所对应的传播常数值即为所求。

除此之外，还可采用固定传播常数搜索法[6]求解，此方法需将原来的本征方程化为如下矩阵形式：

$$\boldsymbol{Ax}=k_0^2\boldsymbol{Bx} \tag{2.54}$$

式中，$\boldsymbol{A}=[\delta Z_{mn}]$，$\boldsymbol{B}=-\frac{1}{k_0^2}[Z_{mn}]$，$\boldsymbol{x}=\boldsymbol{J}$。方法流程图如图 2.12 所示。其中，ε 为设计容差，重复执行可以寻求到多个能带（通带或阻带）。通过比较可以看出，两种搜索法的不同之处在于固定参数的选择上，两种方法的计算速度比较见下面的算例。

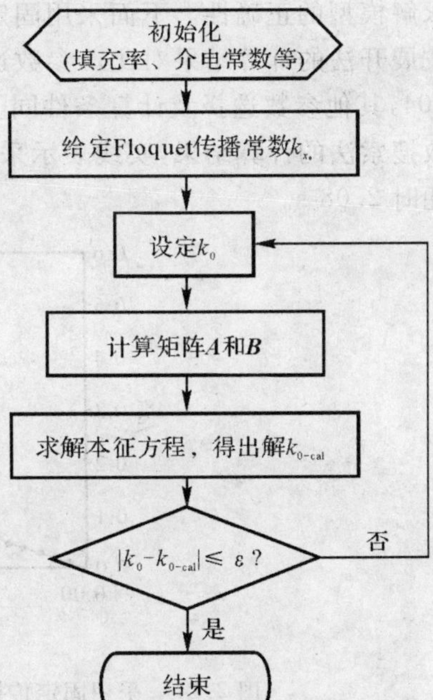

图 2.12　固定传播常数搜索法流程图

2.5.4　计算结果及分析

这里采用固定入射波数搜索法计算一个一维电磁晶体的带隙结构，并与文献结果对比。计算参数选择如下：填充率 $b/a=0.2$，填充介质层 $\varepsilon_r=12.25$，背景为空气，TE_z 波垂直入射，即 $k_y=0$，Floquet 模数 $N_p=9$，填充介质层单元在 x 方向被剖分为 40 等份。搜索范围限定在 $k_{x_0}a\in[-6,6]$，搜索步长取 0.010 5，在 Xeon(TM) 3 GHz 的计算机上搜索单个频率点耗时 32.08 s，得到的带隙结构如图 2.13 所示，其中实线代表文献结果[3]，黑点代表本书计算结果。

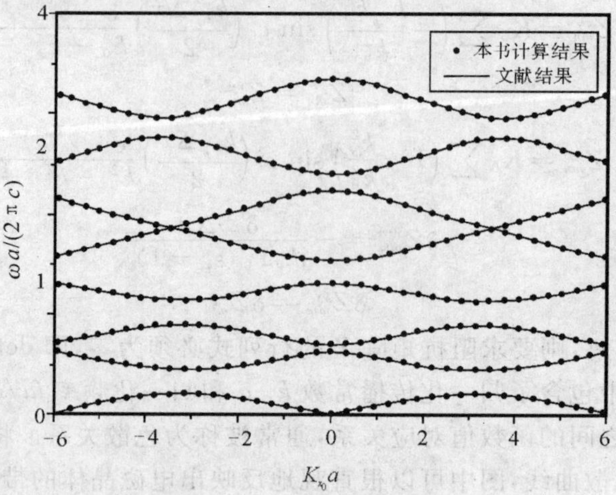

图 2.13　横电波垂直入射时一维电磁晶体带隙结构

由图 2.13 中可以看出，计算结果与文献结果吻合较好，这从一个侧面验证了一维周期矩量法求解模型的正确性。下面采用固定传播常数搜索法求解本征方程，并将计算结果与采用平面波展开法的计算结果对比。参数选择如下：归一化频率 $fa/c \in [0, 0.6]$，$a=1$，设定容差 $\varepsilon=0.04$，其他参数选择及计算条件同上。计算结果如图 2.14 所示，图中黑点表示采用固定传播常数搜索法的计算结果，实线表示采用平面波展开法的计算结果，采用固定传播常数搜索法单点耗时 2.08 s。

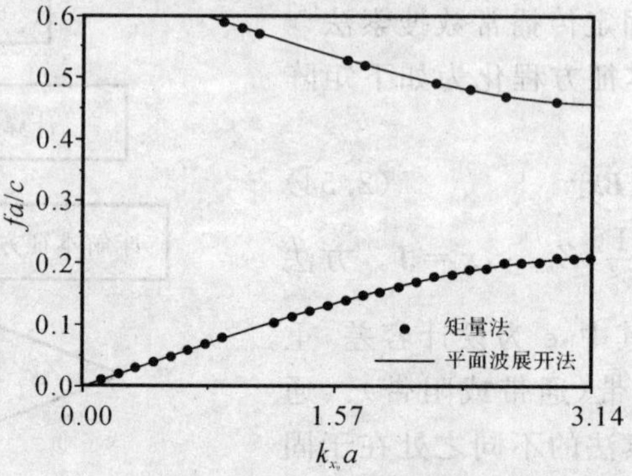

图 2.14　采用固定传播常数搜索法和平面波展开法的计算结果

由图 2.14 中可以看出，两种计算结果吻合较好。由此说明，在分析电磁晶体的带隙时，平面波展开法求解结果和周期矩量法求解结果是可以相互验证的。从图中还可看出，采用固定传播常数搜索法得出的频率点并不均匀，在个别传播常数点上没能搜索出对应的频率点，这是由于容差的选择稍大。对比两种搜索算法的计算时间可知，采用固定传播常数搜索法的计算速度要远快于固定入射波数搜索法。可以得出结论，与固定入射波数搜索法相比，固定传播常数搜索法求解速度快，但容差的大小不易选择。

2.6 一维电磁晶体在传输线中的应用

为了进一步验证一维介质型电磁晶体带隙的存在性，更好地理解带隙产生机理，下面介绍两种一维介质型电磁晶体在传输线中的应用。

2.6.1 电磁晶体波导

这里介绍的电磁晶体波导是在原矩形波导中加载一维电磁晶体，以获得滤波特性。波导长边为 22 mm，宽边为 10 mm。深灰色部分代表厚度为 b 的介质层（横截面与波导口径相同），介质层中间为空气层，如图 2.15(a) 所示。沿波导传播方向的周期数目取 9 个，周期间隔 $a=10$ mm，介质层厚度 $b=5$ mm，介质的相对介电常数为 2.2，HFSS 仿真结果如图 2.15(b) 所示。

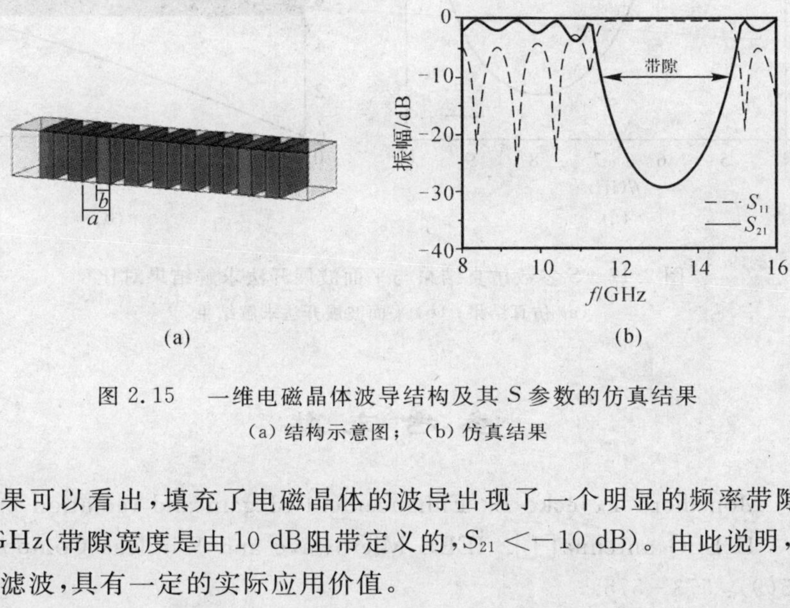

图 2.15　一维电磁晶体波导结构及其 S 参数的仿真结果

(a) 结构示意图；(b) 仿真结果

由仿真结果可以看出，填充了电磁晶体的波导出现了一个明显的频率带隙，带隙范围为 11.5～14.7 GHz（带隙宽度是由 10 dB 阻带定义的，$S_{21}<-10$ dB）。由此说明，电磁晶体波导确实能够实现滤波，具有一定的实际应用价值。

2.6.2 电磁晶体微带线

这里介绍的电磁晶体微带线是在原微带基板上周期性打孔，人工引入一维电磁晶体结构，以获得滤波特性，具体结构如图 2.16 所示。

图 2.16　一维电磁晶体微带线结构示意图

所采用的微带线材料及尺寸参数选择为 $\varepsilon_r=10.2$，介质基板厚度 $t=0.635$ mm，微带线宽度为普通 50 Ω 微带线宽度 $w=0.58$ mm，周期间隔 $a=10$ mm，空气孔宽度 $b=5$ mm。采用 HFSS 仿真计算的结果如图 2.17(a) 所示。

由仿真结果可以看出，此类结构也能实现滤波，具有一定的实际应用价值。下面采用平面波展开法求解相同参数下一维电磁晶体的带隙结构，计算结果如图 2.17(b) 所示。由仿真结果可以看出，电磁晶体微带线的带隙频率从 6.1 ～ 9.5 GHz，而采用平面波展开法求解得到的一维电磁晶体带隙频率从 5.3 ～ 9.3 GHz。由此可见，两种结果在阻带上限频率上是基本吻合的，而在阻带下限频率上存在一点差异，这是由于两者分析对象的结构差异性所致。采用平面波展开法计算的对象是理想的一维周期结构，其是在两个维度上无限，且为纯介质结构，而实际中的电磁晶体微带线是有限的三维结构，且具有金属接地板[7]。尽管两者的分析结果存在一点不同，但由于采用平面波展开法分析更为简单、快捷，所以此方法对于快速估算电磁晶体微带线的带隙还是有用的。

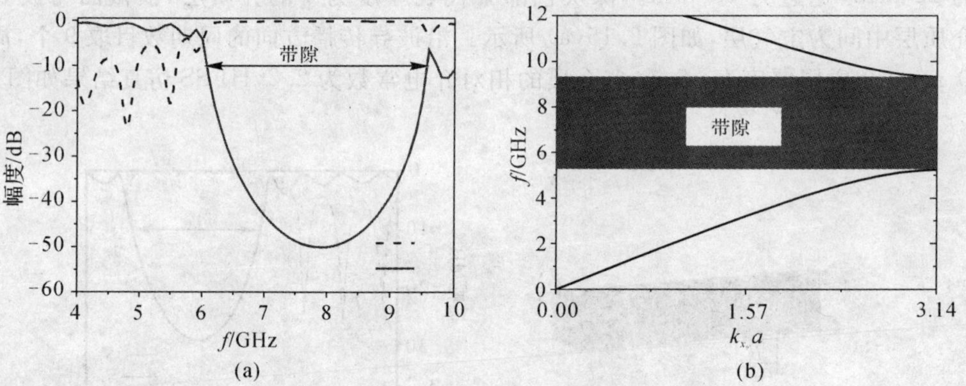

图 2.17　S 参数仿真结果与平面波展开法求解结果对比

(a) 仿真结果；(b) 平面波展开法求解结果

参考文献

［1］ Leger L, Monediere T, Jecko B. Enhancement of gain and radiation bandwidth for a planar 1 - D EBG antenna[J]. IEEE Microwave and Wireless Components Letters, 2005, 15(9): 573 - 575.

［2］ Shumpert J D. Modeling of periodic dielectric structures (electromagnetic crystals)[D]. Michigan: University of Michigan, 2001.

［3］ Danner A J. Photonic crystal modeling and fabrication in gallium arsenide materials[D]. Illinois: University of Illinois, 2002.

［4］ 王辉，李永平. 用特征矩阵法计算光子晶体的带隙结构[J]. 物理学报，2001，50(11)：2172 - 2178.

［5］ 倪光正，杨仕友，钱秀英，等. 工程电磁场数值计算[M]. 北京：机械工业出版社，2004.

［6］ Zhang Lijun. Numerical characterization of electromagnetic band-gap materials and applications in printed antennas and arrays[D]. California: University of California, 2000.

［7］ 付树洪. 电磁晶体带隙分析及其应用研究[D]. 西安：空军工程大学，2008.

第 3 章　二维介质型电磁晶体研究

3.1　引　言

在实际应用中，介质型电磁晶体多采用二维和三维结构。对于三维电磁晶体而言，二维电磁晶体以其制作简单而受到了更广泛的关注，此类结构被广泛应用于微波和光学领域，利用此类结构可以制成滤波器[1]、高方向性天线[2-3]、低阀值激光器[4]等。数值分析在二维介质型电磁晶体的结构设计和工程应用中占据着非常重要的地位。本章主要介绍平面波展开法和周期矩量法对二维介质型电磁晶体的分析理论。为叙述方便，本章所说的二维电磁晶体即指二维介质型电磁晶体。

3.2　平面波展开法

3.2.1　本征方程的推导

由任意形状介质柱构成的二维电磁晶体单元结构如图 3.1 所示，介质柱在两个维度上呈现周期排列。图中虚线表示一个周期单元，a，c 分别为 x，y 方向的周期间隔，对于方格子而言，$a=c$；灰色代表相对介电常数为 ε_r、磁导率为 μ_0 的任意形状介质柱，白色背景为空气；ϕ 为入射角，$\boldsymbol{E}(\boldsymbol{H})$ 代表入射电(磁)场。

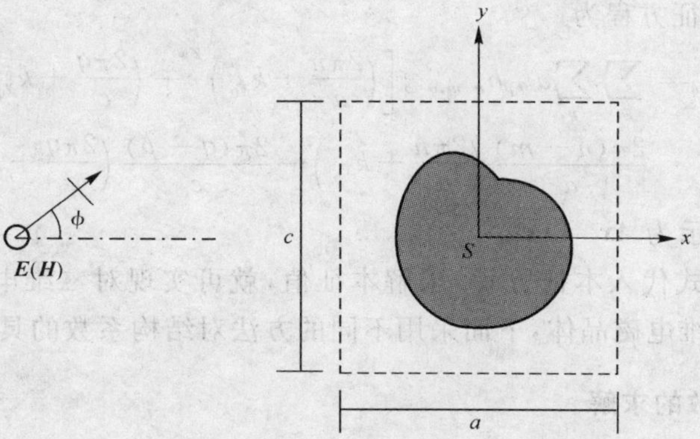

图 3.1　由任意介质柱构成的电磁晶体单元结构示意图

以 TM_z 入射为例，电场只有 z 向分量。假设介质棒在 z 向上无限长，其对应的电场标量波动方程可简化为[1]

$$-\frac{\partial^2}{\partial x^2}E_z(x,y)-\frac{\partial^2}{\partial y^2}E_z(x,y)=k_0^2\varepsilon_r(x,y)E_z(x,y) \tag{3.1}$$

式中，$\boldsymbol{E}(x,y)=\hat{z}E_z(x,y)=\hat{z}E_p(x,y)\mathrm{e}^{-\mathrm{j}k_{x_0}x}\mathrm{e}^{-\mathrm{j}k_{y_0}y}$ 代表总场，$E_p(x,y)$ 是在 $x-y$ 平面内传播的周期性电场，k_{x_0} 和 k_{y_0} 分别是 x 方向和 y 方向的 0 阶 Floquet 谐波；$\varepsilon_r(x,y)$ 为相对介电常数分布函数，可表示为 $\varepsilon_r(x,y)=\begin{cases}\varepsilon_r, & (x,y)\in S(x,y)\\ 1, & (x,y)\notin S(x,y)\end{cases}$。

由于电场和介电常数均为二维周期性分布，故可将其展开为双重 Fourier 级数形式：

$$E_p(x,y)=\sum_n\sum_q a_{nq}\mathrm{e}^{-\mathrm{j}\frac{2\pi n}{a}x}\mathrm{e}^{-\mathrm{j}\frac{2\pi q}{c}y} \tag{3.2a}$$

$$\varepsilon_r(x,y)=\sum_m\sum_p b_{mp}\mathrm{e}^{-\mathrm{j}\frac{2\pi m}{a}x}\mathrm{e}^{-\mathrm{j}\frac{2\pi p}{c}y} \tag{3.2b}$$

式中，a_{nq} 和 b_{mp} 分别表示电场和相对介电常数的 Fourier 级数展开系数；m,n,p 和 q 均取整数。

将式(3.2)代入式(3.1)，经运算可得

$$\sum_n\sum_q\left[\left(\frac{2\pi n}{a}+k_{x_0}\right)^2+\left(\frac{2\pi q}{c}+k_{y_0}\right)^2\right]a_{nq}\mathrm{e}^{-\mathrm{j}\frac{2\pi n}{a}x}\mathrm{e}^{-\mathrm{j}\frac{2\pi q}{c}y}=$$
$$k_0^2\sum_m\sum_p b_{mp}\mathrm{e}^{-\mathrm{j}\frac{2\pi m}{a}x}\mathrm{e}^{-\mathrm{j}\frac{2\pi p}{c}y}\sum_n\sum_q a_{nq}\mathrm{e}^{-\mathrm{j}\frac{2\pi n}{a}x}\mathrm{e}^{-\mathrm{j}\frac{2\pi q}{c}y} \tag{3.3}$$

将上式两边同乘正交函数 $\mathrm{e}^{\mathrm{j}\frac{2\pi k}{a}x}\mathrm{e}^{\mathrm{j}\frac{2\pi l}{c}y}$，并在一个周期单元内积分，整理后得 TM_z 波入射时的本征方程

$$a_{nq}\left[\left(\frac{2\pi n}{a}+k_{x_0}\right)^2+\left(\frac{2\pi q}{c}+k_{y_0}\right)^2\right]=k_0^2\sum_m\sum_p a_{mp}b_{n-m,q-p} \tag{3.4}$$

式中，$b_{n-m,q-p}$ 表示结构系数。此本征方程可简单表示为 $\boldsymbol{Ax}=\lambda\boldsymbol{Bx}$，$\boldsymbol{A}$，$\boldsymbol{B}$ 代表本征矩阵，$\lambda=k_0^2$ 为广义特征值，$\boldsymbol{x}\neq\boldsymbol{0}$ 为对应的广义特征向量。

当 TE_z 波入射时，推导过程与 TM_z 波入射情况相类似。有所不同的是，它是将磁场和介电常数的倒数展开为双重 Fourier 级数，代入的是关于磁场的标量波动方程。经过运算简化得到 TE_z 波入射时的本征方程为

$$k_0^2a_{nq}=\sum_m\sum_p a_{mp}b_{n-m,q-p}\left[\left(\frac{2\pi n}{a}+k_{x_0}\right)^2+\left(\frac{2\pi q}{c}+k_{y_0}\right)^2-\right.$$
$$\left.\frac{2\pi(n-m)}{a}\left(\frac{2\pi n}{a}+k_{x_0}\right)-\frac{2\pi(q-p)}{c}\left(\frac{2\pi q}{c}+k_{y_0}\right)\right] \tag{3.5}$$

此本征方程可简单表示为 $\boldsymbol{Ax}=\lambda\boldsymbol{x}$。

将结构系数表达式代入本征方程，求解本征值，就可实现对二维电磁晶体带隙结构的分析。针对不同类型二维电磁晶体，下面采用不同的方法对结构系数的具体表达式进行推导。

3.2.2 结构系数的求解

与一维电磁晶体类似，不同类型二维电磁晶体的区别也是体现在结构系数上。方格子电磁晶体横截面结构如图 3.2 所示，其结构系数的求解表达式为

$$b_{n-m,q-p}=\frac{1}{S_0}\int_{S_0}\varepsilon_r(x,y)\mathrm{e}^{-\mathrm{j}\frac{2\pi(n-m)}{a}x}\mathrm{e}^{-\mathrm{j}\frac{2\pi(q-p)}{a}y}\mathrm{d}x\mathrm{d}y=$$
$$\delta_{n-m,q-p}+\frac{1}{S_0}(\varepsilon_r-1)\int_S\mathrm{e}^{-\mathrm{j}\frac{2\pi(n-m)}{a}x}\mathrm{e}^{-\mathrm{j}\frac{2\pi(q-p)}{a}y}\mathrm{d}x\mathrm{d}y\quad(\mathrm{TM}) \tag{3.6a}$$

$$b_{n-m,q-p}=\frac{1}{S_0}\int_{S_0}\frac{1}{\varepsilon_r(x,y)}e^{-j\frac{2\pi(n-m)}{a}x}e^{-j\frac{2\pi(q-p)}{a}y}dxdy=$$

$$\delta_{n-m,q-p}+\frac{1}{S_0}\left(\frac{1}{\varepsilon_r}-1\right)\int_S e^{-j\frac{2\pi(n-m)}{a}x}e^{-j\frac{2\pi(q-p)}{a}y}dxdy \quad (\mathrm{TE}) \tag{3.6b}$$

式中，$S_0=a^2$ 代表周期单元的面积，$S(x,y)$ 代表介质柱横截面。

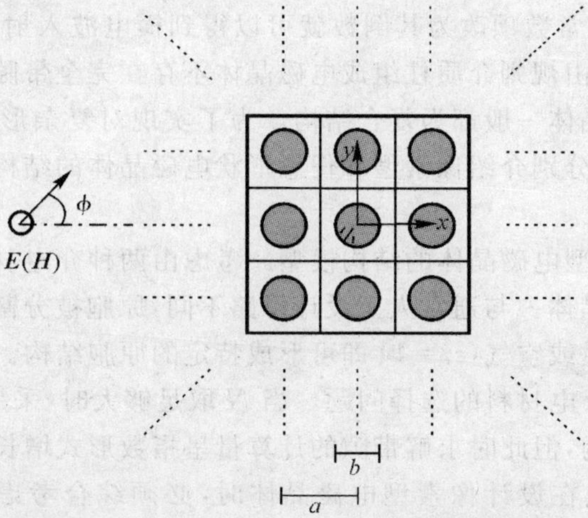

图 3.2　方格子电磁晶体横截面图

由规则介质柱组成的二维电磁晶体，如圆柱和方柱电磁晶体，结构如图 3.3 所示。将相对介电常数分布函数代入结构系数的求解表达式中，进行积分运算就可直接得到结构系数的解析表达式，将结构系数解析表达式代入本征方程就可实现对此类电磁晶体带隙的求解。

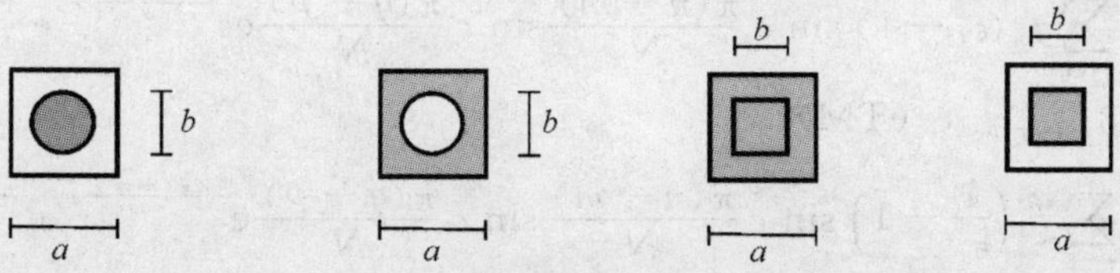

图 3.3　典型周期单元

(a) 介质圆柱；(b) 空气圆柱；(c) 空气方柱；(d) 介质方柱

以横磁波入射为例，其结构系数的解析表达式如下：

图 3.3(a)
$$b_{n-m,q-p}=\delta_{n-m,q-p}+2f_t(\varepsilon_r-1)\frac{J_1(Gr)}{Gr} \tag{3.7a}$$

图 3.3(b)
$$b_{n-m,q-p}=\varepsilon_r\delta_{n-m,q-p}-2f_t(\varepsilon_r-1)\frac{J_1(Gr)}{Gr} \tag{3.7b}$$

图 3.3(c)

$$b_{n-m,q-p}=\varepsilon_r\delta_{n-m,q-q}-f_t(\varepsilon_r-1)\sin c\frac{\pi(n-m)b}{a}\sin c\frac{\pi(q-p)b}{a} \tag{3.7c}$$

图 3.3(d)

$$b_{n-m,q-p}=\delta_{n-m,q-p}+f_t(\varepsilon_r-1)\sin c\frac{\pi(n-m)b}{a}\sin c\frac{\pi(q-p)b}{a} \tag{3.7d}$$

式中，$r=b/2$ 表示空气(或介质)圆柱半径，J_1 为第一阶贝塞尔函数(Bessel Function)，$G=\sqrt{(2\pi(n-m)/a)^2+(2\pi(q-p)/a)^2}$。对于空气(或介质)圆柱，填充率 $f_t=\pi r^2/a^2$；对于空气(或介质)方柱，填充率 $f_t=b^2/a^2$。

将式(3.7)中的介电常数项改为其倒数就可以得到横电波入射下结构系数表达式，这里就不再列出。研究表明，由规则介质柱组成电磁晶体不存在完全带隙[5]，因此应用范围有限。而具有完全带隙的电磁晶体一般都为复合结构。为了实现对复杂形状电磁晶体的分析，提高分析模型的通用性，下面分别介绍像素型和任意形状电磁晶体的结构模型，并推导其结构系数表达式。

首先，介绍的是像素型电磁晶体的结构模型。考虑由两种介电材料(背景介质为空气)构成的正方格子二维电磁晶体。与通常人工设计思路不同，原胞被分割为 $N\times N$ 个正方形像素，每个像素中随机填充介质或空气($\varepsilon_r=1$)即可形成特定的原胞结构。此时，电磁晶体的结构设计问题就转化为像素中介电材料的选择问题。当 N 取足够大时，采用像素型结构模型原则上可以表达任意形状的结构，但此时求解带隙的计算量呈指数形式增长，而且像素粒过小也给制备带来很大困难。所以，在设计像素型电磁晶体时，必须综合考虑加工工艺以及计算量等因素。

如图 3.4 所示为像素型电磁晶体原胞结构示意图(总共 8×8 个像素单元)，其中灰色格子代表填充介质，空白部分代表空气。对于一般情况，像素型电磁晶体总共含有 $N\times N$ 个像素单元，这里假设其包含 T 个介质像素，第 t 个介质像素的中心坐标为 (x_t,y_t)，单个像素的填充率 $f_s=1/N^2$，则像素型电磁晶体的结构系数可表示为

$$b_{n-m,q-p}=\sum_{t=1}^{T}f_s(\varepsilon_r-1)\sin c\frac{\pi(n-m)}{N}\sin c\frac{\pi(q-p)}{N}e^{-j\frac{2\pi(n-m)}{a}x_t}e^{-j\frac{2\pi(q-p)}{a}y_t}+\delta_{n-m,q-p}\quad(\text{TM}) \tag{3.8a}$$

$$b_{n-m,q-p}=\sum_{t=1}^{T}f_s\left(\frac{1}{\varepsilon_r}-1\right)\sin c\frac{\pi(n-m)}{N}\sin c\frac{\pi(q-p)}{N}e^{-j\frac{2\pi(n-m)}{a}x_t}e^{-j\frac{2\pi(q-p)}{a}y_t}+\delta_{n-m,q-p}\quad(\text{TE}) \tag{3.8b}$$

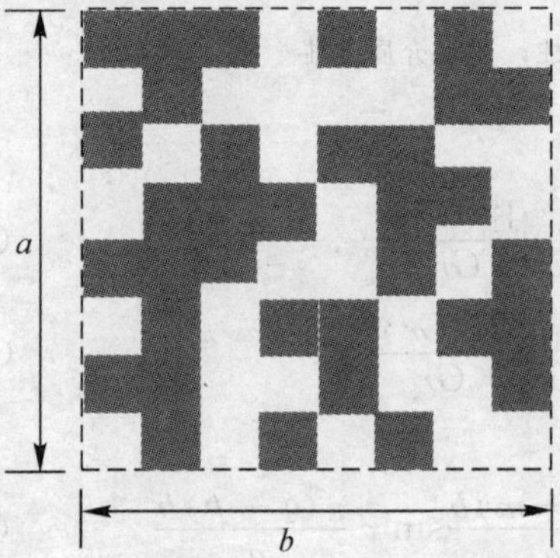

图 3.4　像素型电磁晶体原胞结构

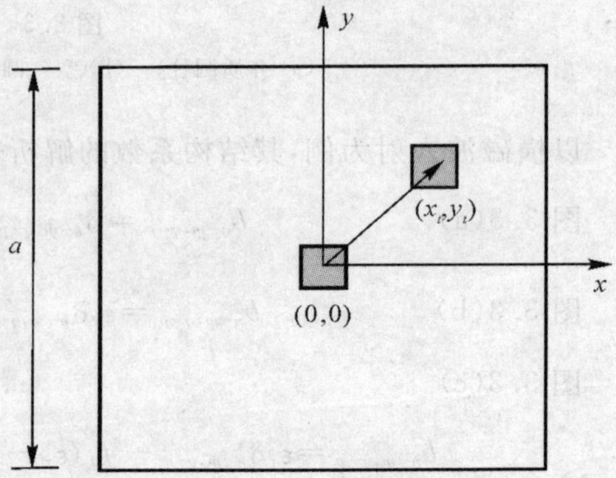

图 3.5　位移特性

处于任意位置的像素都是可通过移动中心位于原点的方柱单元来获得的。因此，对于任意位置像素的结构系数求解是利用介质方柱电磁晶体的结构系数解析表达式乘上位移因子 $e^{-j\frac{2\pi(n-m)}{a}x_t}e^{-j\frac{2\pi(q-p)}{a}y_t}$ 得到的，称为位移特性，如图 3.5 所示。

上述像素电磁晶体结构模型所描述的像素粒是均匀的。对于非均匀像素电磁晶体的结构系数求解方法与其完全相同，也是利用位移特性将多个像素单元的结构系数进行叠加，只是各单元面积大小或形状有所不同而已。许多规则的分形电磁晶体结构可看做是由非均匀像素组成的(像素粒大小不同)，如准 Vicsek 结构[6]（见图 3.6）、Sierpinski 地毯[7] 等，具有复合晶胞的电磁晶体也可看做是由不同大小像素粒构成的电磁晶体，因此可以采用像素型电磁晶体求解模型对它们的带隙进行求解。

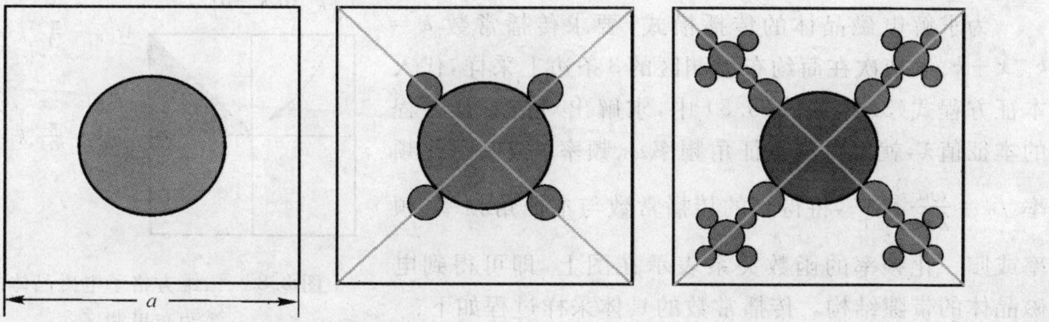

图 3.6　准 Vicsek 分形结构

对于由简单、规则填充柱构成的电磁晶体，结构系数通常采用直接积分求解；对于规则多填充柱电磁晶体，结构系数则适合采用像素型电磁晶体求解模型来分析；对于不规则、复杂形状的电磁晶体，由于其无法直接积分，故只能采取将原胞数值离散近似表示的方法求解。

下面来说明利用数值离散法求解任意形状电磁晶体结构系数的具体做法。采用数值离散法求解结构系数，简单地说就是将积分范围细分成小格子，如图 3.7 所示，并逐个判断小格子的中心坐标是否落在柱内，再乘上对应的介电常数大小进行累加。严格地说格子剖分得越细，数值解越接近真实解。此外，在剖分时注意保持周期单元的对称性，例如周期单元的介电分布如果对 x 轴和 y 轴镜面对称，则计算出的结构系数应为实数，若剖分时破坏了此对称性，则计算出来的结构系数可能会有不为零的虚部。

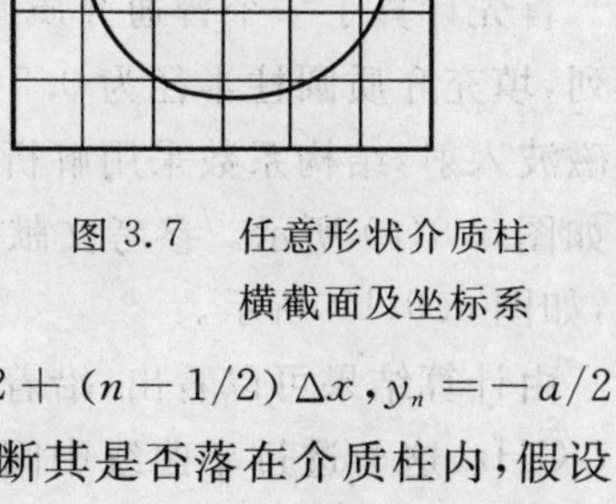

图 3.7　任意形状介质柱横截面及坐标系

对于任意形状的电磁晶体结构，将周期单元(面积为 $a\times a$)剖分为 N^2 个小格子，N 表示沿 x 和 y 方向的剖分数，小格子边长为 $\Delta x=\Delta y=a/N$，小格子中心坐标为 $x_n=-a/2+(n-1/2)\Delta x$，$y_n=-a/2+(n-1/2)\Delta y$。得到每个小格子的中心坐标后，再利用循环判断其是否落在介质柱内，假设总共有 T 个中心点落在介质柱内，则结构系数的表达式为

$$\text{TM}\qquad b_{n-m,q-p}=\delta_{n-m,q-p}+\frac{1}{S_0}(\varepsilon_r-1)\sum_{t=1}^{T}e^{-j\frac{2\pi(n-m)}{a}x_t}e^{-j\frac{2\pi(q-p)}{a}y_t}\Delta s \tag{3.9a}$$

$$\text{TE} \qquad b_{n-m,q-p}=\delta_{n-m,q-p}+\frac{1}{S_0}\left(\frac{1}{\varepsilon_r}-1\right)\sum_{t=1}^{T}\mathrm{e}^{-\mathrm{j}\frac{2\pi(n-m)}{a}x_t}\mathrm{e}^{-\mathrm{j}\frac{2\pi(q-p)}{a}y_t}\Delta s \tag{3.9b}$$

式中，$\Delta s=\Delta x\Delta y$，$(x_t, y_t)$ 表示第 t 个落在介质柱内小格子的中心坐标。

3.2.3 本征方程的求解

二维电磁晶体本征方程的矩阵表示形式与一维电磁晶体类似，具体可参见 2.3.3 节，所不同的是其传播常数的采样范围，即简约布里渊区。因此，在求解二维电磁晶体的本征方程之前，介绍一下二维正方格子电磁晶体的简约布里渊区[5]。如图 3.8 所示，灰色三角形部分代表二维方格子电磁晶体的简约布里渊区，这个区域被 Γ,X,M 3 个几何点所定义，各几何点的取值如图中所示。

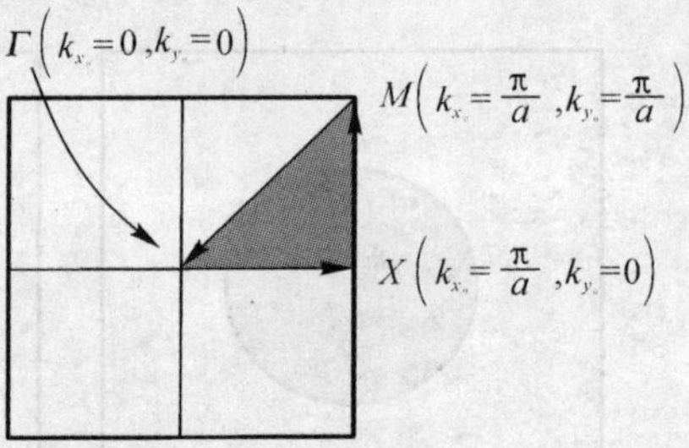

图 3.8 二维方格子电磁晶体的简约布里渊区

为求解电磁晶体的传播模式，要求传播常数 $\boldsymbol{k}=k_{x_0}\hat{\boldsymbol{x}}+k_{y_0}\hat{\boldsymbol{y}}$ 依次在简约布里渊区的3条边上采样，代入本征方程式(3.4)或式(3.5)中，求解出对应本征方程的本征值λ，就可得到本征角频率ω、频率f或归一化频率 $f_0=\dfrac{\omega a}{2\pi c}=\dfrac{fa}{c}$，将得到的传播常数与本征角频率、频率或归一化频率的函数关系表示在图上，即可得到电磁晶体的带隙结构。传播常数的具体采样过程如下：

$$\boldsymbol{k}=\begin{cases} k_{x_0}\hat{\boldsymbol{x}}+0\hat{\boldsymbol{y}}, & \Gamma\rightarrow X \\ \dfrac{\pi}{a}\hat{\boldsymbol{x}}+k_{y_0}\hat{\boldsymbol{y}}, & X\rightarrow M \\ k_{x_0}\hat{\boldsymbol{x}}+k_{y_0}\hat{\boldsymbol{y}}, & M\rightarrow \Gamma \end{cases} \tag{3.10}$$

式中，k_{x_0} 和 k_{y_0} 的取值范围均为 $\left[0,\dfrac{\pi}{a}\right]$。

3.3 算例分析及设计

3.3.1 普通二维电磁晶体

首先计算了一个普通介质圆柱电磁晶体的带隙结构。计算参数选择如下：按正方形网格排列，填充介质圆柱半径为 0.5 cm，相对介电常数为 4.55，周期 $a=2$ cm，361 个平面波展开，横磁波入射，结构系数采用解析式求解。将解析式(3.7a)代入本征方程，求解得出的带隙结构如图 3.9(a)所示。参考文献[8]中给出了该电磁晶体沿 Γ-X 方向的频率-透过率谱测量结果，如图 3.9(b)所示。

由计算结果可以看出，沿着 Γ-X 方向的第一带隙下限频率约为 4.8 GHz，上限频率约为 6.7 GHz，这与透过率曲线中间低的区域所对应的带隙频率范围吻合较好(对于透过率谱图，带隙是由 20 dB 阻带定义的)，从而验证了平面波展开法的正确性。

研究表明，具有如图 3.3 所示四种典型周期单元的电磁晶体不存在完全带隙。下面就来分别计算这四种不同单元电磁晶体的带隙结构，以验证这一结论。计算参数选择如下：如图

3.3(a),(d) 所示的介质柱型,$b/a=0.4$;如图 3.3(b)(c) 所示的空气柱型,$b/a=0.6$,$\varepsilon_r=8.9$,以 225 个平面波展开,对于圆柱型而言,$b=r/2$。计算结果如图 3.10 所示,图中横轴 ka 表示归一化传播常数,[0,3.14] 表示 $\Gamma-X$ 方向,[3.14,6.28] 表示 $X-M$ 方向,[6.28,9.42] 表示 $M-\Gamma$ 方向,纵轴 fa/c 表示归一化频率,灰带表示带隙。

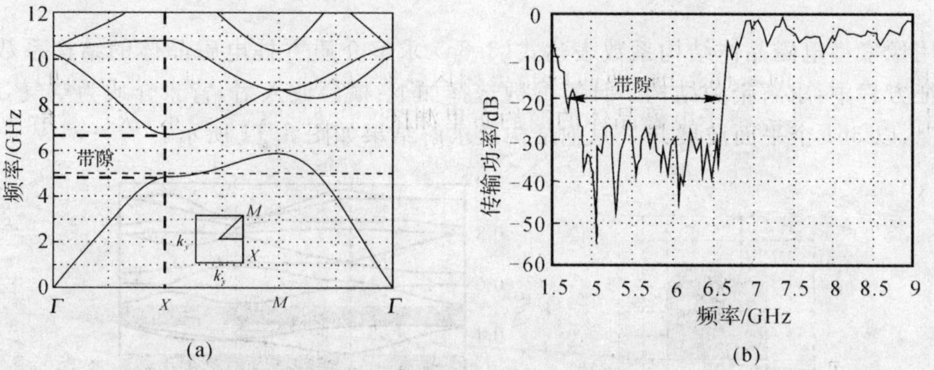

图 3.9　二维电磁晶体带隙计算结果与测量结果

(a) 平面波展开法计算结果;(b) 频率-透过率谱图

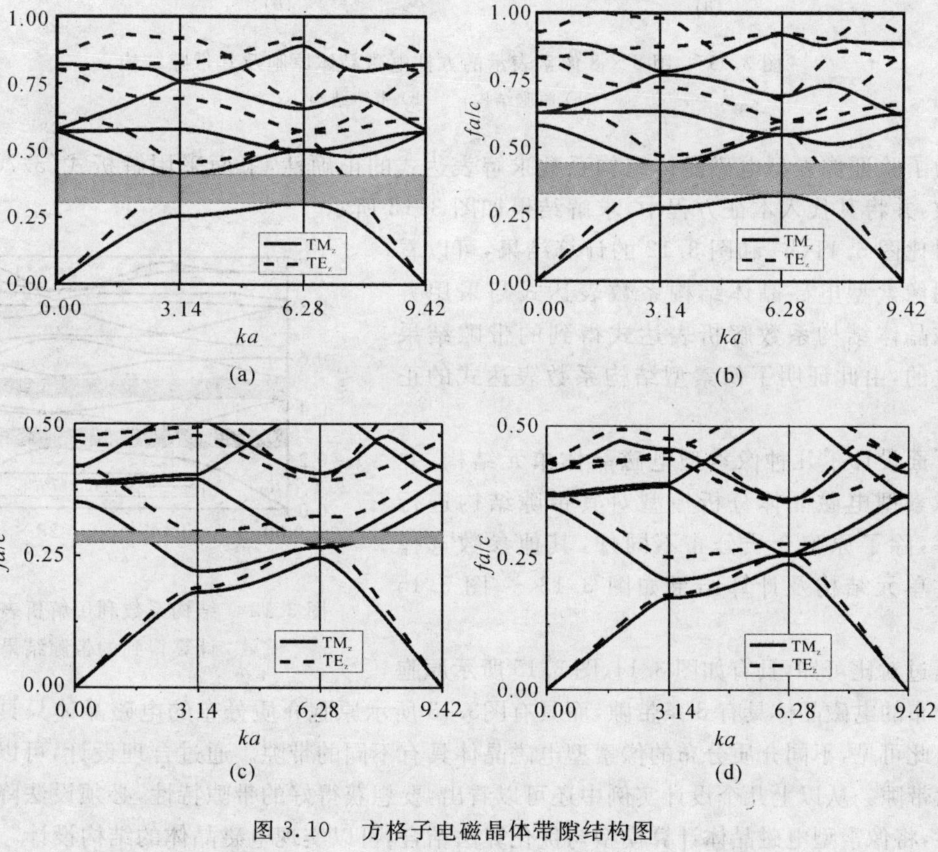

图 3.10　方格子电磁晶体带隙结构图

(a) 介质方柱型;(b) 介质圆柱型;(c) 空气方柱型;(d) 空气圆柱型

从图 3.10 可以看出，在所选参数下介质方柱型和介质圆柱型电磁晶体只存在横磁波带隙，而空气方柱型电磁晶体只存在横电波带隙，空气圆柱型电磁晶体不存在带隙，由此可得此四种电磁晶体确实不存在完全带隙，这与已知结论是一致的。

3.3.2 像素型电磁晶体

利用像素型电磁晶体结构系数表达式(3.8a) 求解介质方柱电磁晶体的结构系数，并将其代入本征方程中，求解带隙结构。计算参数选择如下：横磁波入射，背景介质为空气，填充介质 $\varepsilon_r=11.4$，以 361 个平面波展开。原胞结构及求解结果如图 3.11 所示。

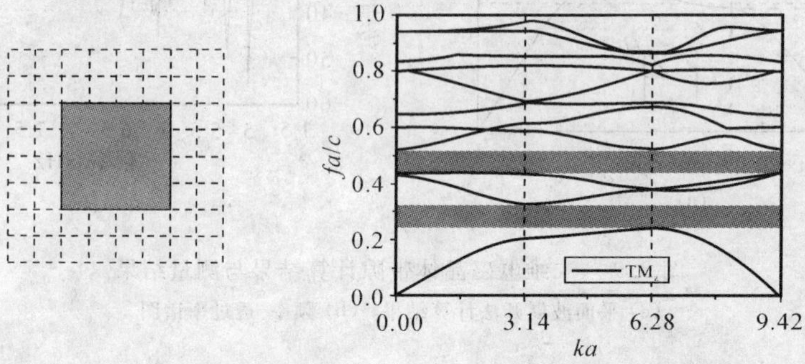

(a) (b)

图 3.11 用 8×8 像素表示的方柱电磁晶体原胞及其带隙结构

(a) 原胞结构； (b) 带隙结构

为了验证像素型电磁晶体结构系数求解表达式的正确性，下面采用解析式(3.7d) 求解结构系数，并将其代入本征方程中，求解结果如图 3.12 所示。

对比图 3.11(b) 和图 3.12 的计算结果，可以看出利用像素型电磁晶体结构系数表达式与采用方柱电磁晶体结构系数解析表达式得到的带隙结果是一致的，由此证明了像素型结构系数表达式的正确性。

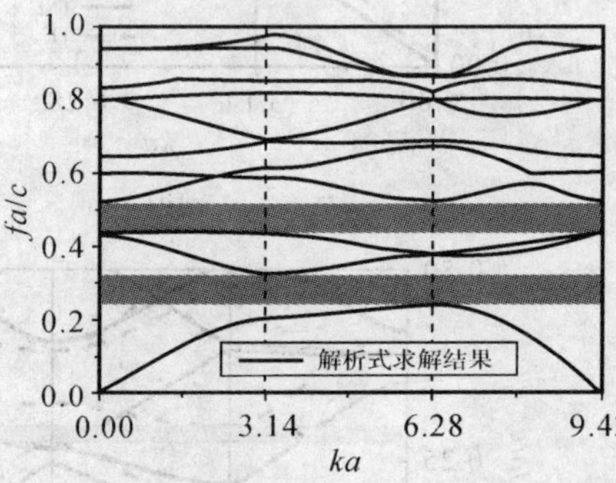

图 3.12 结构系数利用解析表达式计算得到的带隙结果

下面设计了几种像素型电磁晶体单元结构，并采用像素型电磁晶体分析模型对其带隙结构进行了求解，除了原胞介质分布不同外，其他参数选择同上。单元结构及计算结果如图 3.13 ～ 图 3.15 所示。

通过对比可知，具有如图 3.14、图 3.15 所示原胞介质分布的电磁晶体具有 3 条带隙，而具有图3.13 所示原胞介质分布的电磁晶体只具有两条带隙。由此可见，不同介质分布的像素型电磁晶体具有不同的带隙。通过合理设计，可以实现多带隙或大带隙。从以上几个设计实例中还可以看出，要想获得好的带隙特性，必须设法降低结构的对称性，将像素型电磁晶体计算模型与优化算法结合，可以实现电磁晶体的结构设计。

通过降低结构对称性，设计了一种具有完全带隙的像素型复合晶胞电磁晶体，原胞结构如图 3.16(a) 所示。计算参数选择同上，计算结果如图 3.16(b) 所示，灰带表示完全带隙。

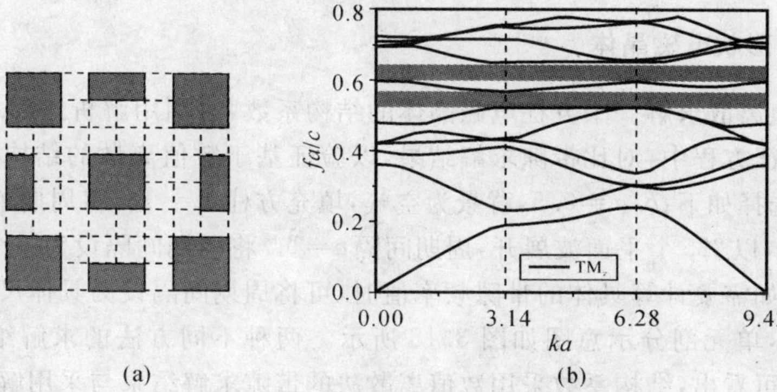

图 3.13　原胞介质分布(a) 及其带隙结构(b)

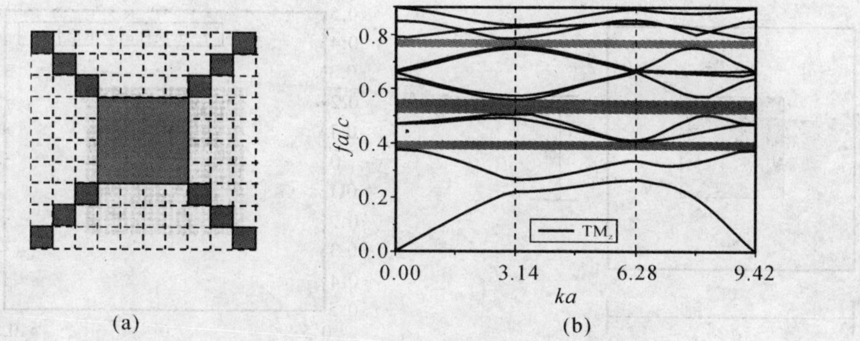

图 3.14　原胞介质分布(a) 及其带隙结构(b)

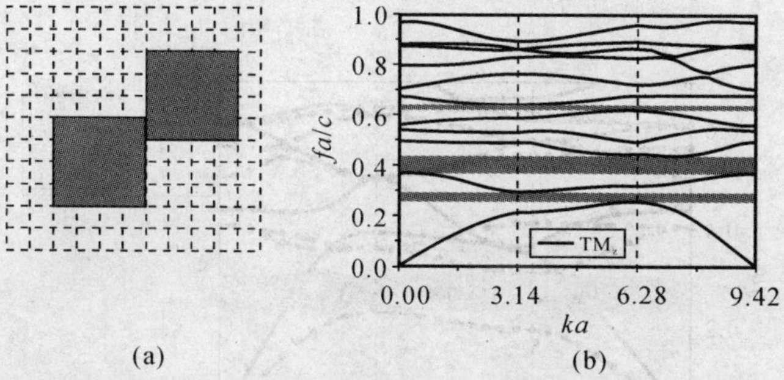

图 3.15　原胞介质分布(a) 及其带隙结构(b)

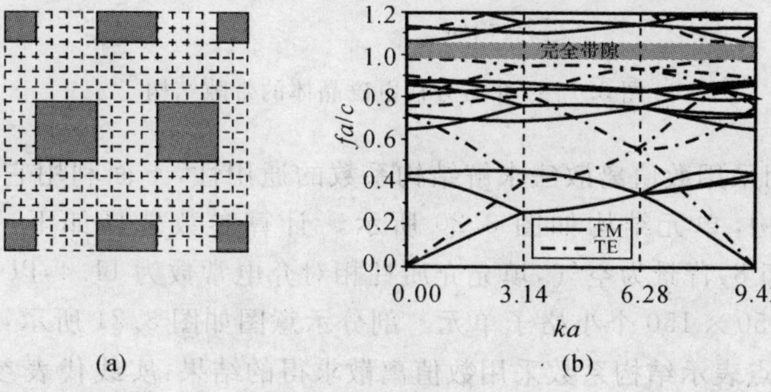

图 3.16　具有完全带隙的电磁晶体原胞结构(a) 及对应的带隙结构(b)

3.3.3 任意形状电磁晶体

首先利用数值离散求解一个方柱电磁晶体的结构系数，再利用解析式(3.7d)求解其结构系数，分别代入本征方程中，对比带隙求解结果，以验证基于数值离散的结构系数表达式的正确性。计算参数选择如下：$b/a=0.5$，背景为空气，填充方柱 $\varepsilon_r=13$，将周期单元剖分为 150×150 个小格子单元，以 225 个平面波展开，周期间隔 $a=1$。将周期间隔设为一个单位长度，故其没有具体的单位，如需要计算具体的带隙频率值时，可将周期间隔设为具体尺寸。介质方柱单元如图 3.17 所示，单元剖分示意图如图 3.18 所示。两种不同方法的求解结果如图 3.19 所示。由图 3.19 中可看出，结构系数采用数值离散法的带隙求解结果与采用解析式的带隙求解结果是完全吻合的，从而验证了基于数值离散的结构系数表达式是正确的。

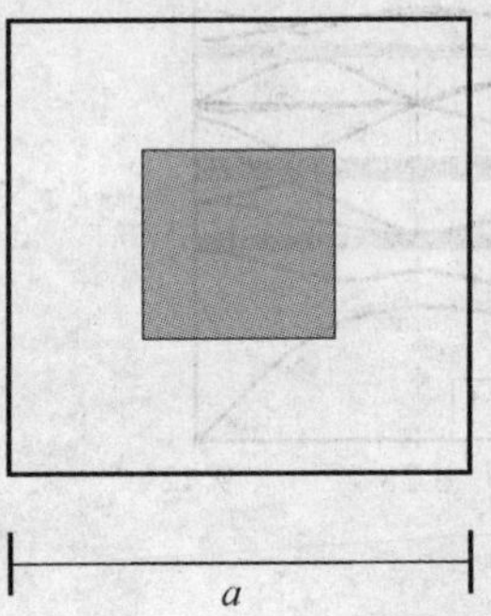

图 3.17　介质方柱单元

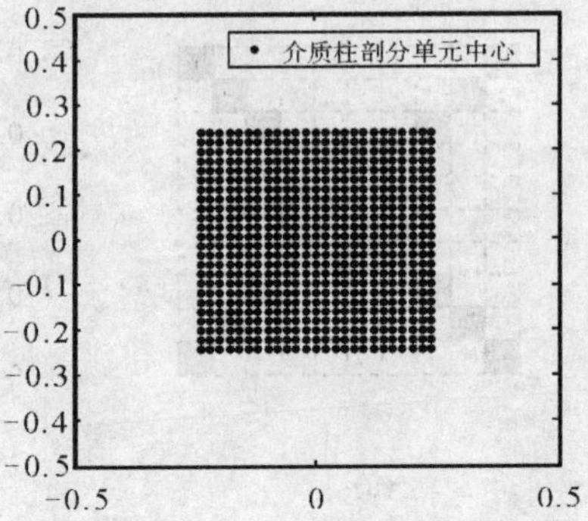

图 3.18　50×50 个单元剖分示意图

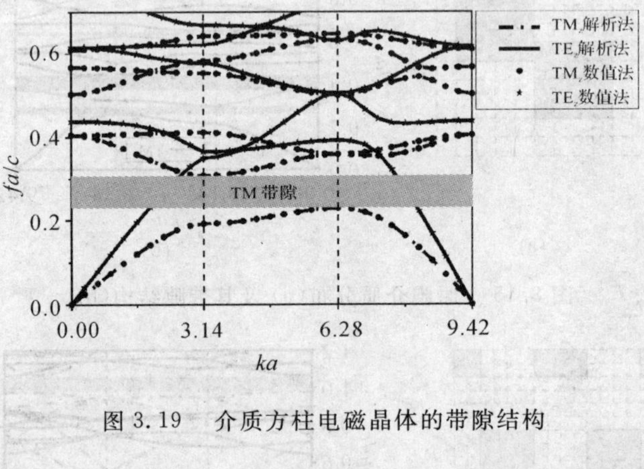

图 3.19　介质方柱电磁晶体的带隙结构

为了进一步说明采用数值离散法求解结构系数的通用性，下面利用它来求解一个复格子电磁晶体的带隙结构，单元结构如图 3.20 所示。计算参数选择如下：横磁波入射，$l/a=0.4654$，$d/a=0.3258$，背景为空气，填充介质柱相对介电常数为 11.4，以 225 个平面波展开，将周期单元剖分为 150×150 个小格子单元。剖分示意图如图 3.21 所示，带隙结构如图 3.22 所示。图 3.22 中黑点表示结构系数采用数值离散求得的结果，实线代表参考文献[9]中结构系数采用解析式求得的结果。

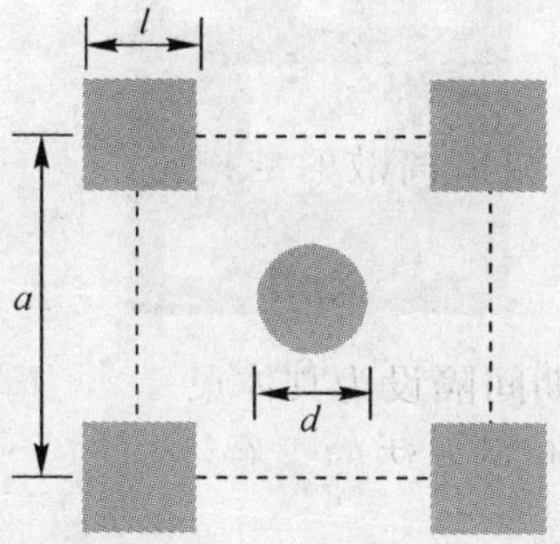

图 3.20　复格子电磁晶体单元

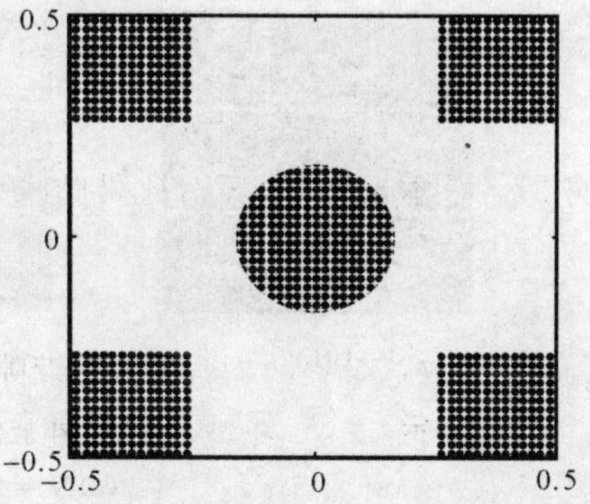

图 3.21　50×50 个单元剖分示意图

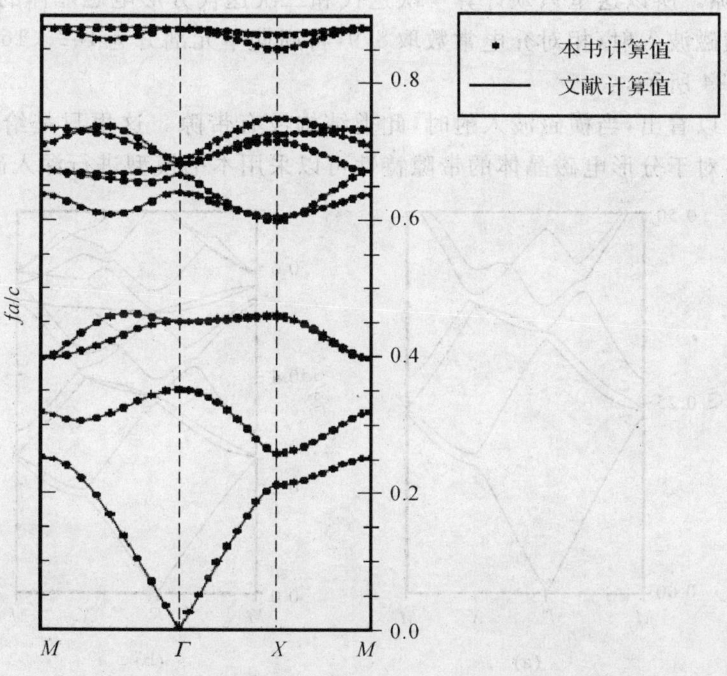

图 3.22　横磁波入射下复格子电磁晶体的带隙结构

由图 3.22 可以看出，两种计算结果吻合较好，这充分说明了采用数值离散求解结构系数是准确和可行的。分析此类结构的带隙，可以看出此类结构的能带曲线相对比较集中，所以较容易产生横电波和横磁波共有的完全带隙，利用数值离散法结合本征方程可以有效地对其带隙结构进行分析研究，为此类结构的设计提供理论依据。

对于分形结构，随着迭代次数的增加，其结构也变得复杂起来，这使采用解析法求解结构参数的过程变得很繁琐，一般无法直接给出结构系数的解析表达式。利用数值法就可以很好地解决这一问题，只要剖分得够细，无须推导就可准确求解分形电磁晶体的结构系数。下面就采用数值离散法结合本征方程来分析分形柱——Sierpinski 地毯电磁晶体的带隙结构，Sierpinski 地毯的具体生成规则参见参考文献[7]。周期单元横截面结构如图 3.23 所示，图中灰色代表填充介质，白色代表空气背景，从左至右依次表示零次、一次和二次迭代得到的图形。

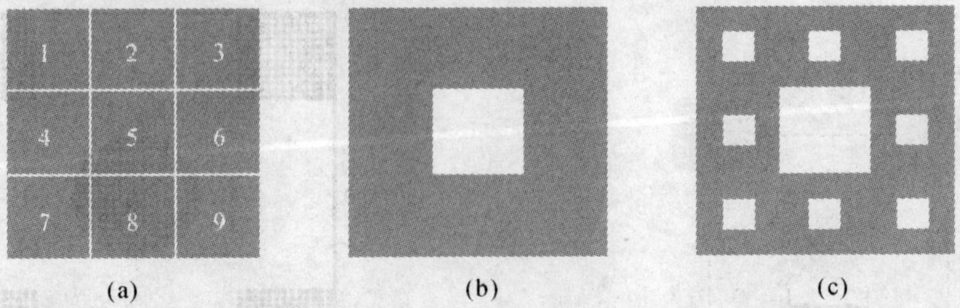

图 3.23 Sierpinski 地毯

(a)$N=0$；(b)$N=1$；(c)$N=2$

带隙的产生是由于介电常数的周期调制，零次迭代结构实际上是一块均匀的介质结构，因而不可能产生带隙。所以这里只须计算一次迭代和二次迭代分形电磁晶体的带隙结构。计算参数选择如下：横磁波入射，相对介电常数取 8.9，将周期单元剖分为 162×162 个小格子单元，求解结果如图 3.24 所示。

由图 3.24 可以看出，当横磁波入射时，此类结构没有带隙。这里只是给出一个计算分形电磁晶体的实例，对于分形电磁晶体的带隙特性可以采用本书模型进行深入研究。

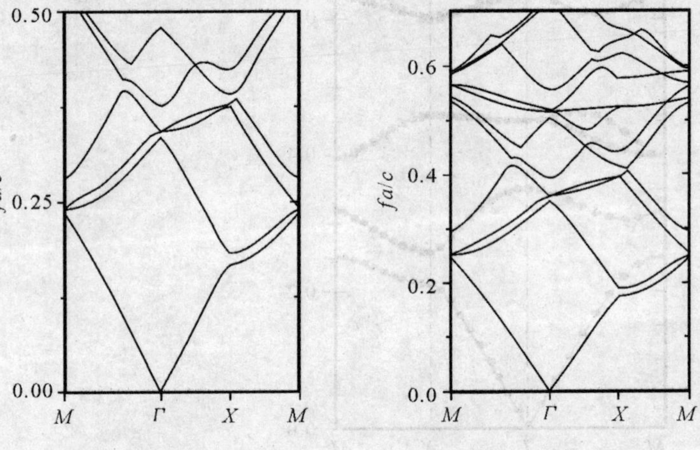

图 3.24 不同阶次分形电磁晶体带隙结构

(a) 一次迭代；(b) 二次迭代

3.4 周期矩量法

3.4.1 电场积分方程及本征方程

设电磁波入射周期单元时的情形如图 3.1 所示，周期单元为介质方柱。对于二维情况，电场积分方程的推导过程与一维情况相同，这里就直接给出其表示形式。TM_z 波入射时二维电磁晶体满足的电场积分方程为

$$-\frac{\mathrm{j}k_0 Z_0}{a^2}\int_{-\frac{b}{2}}^{\frac{b}{2}}\int_{-\frac{b}{2}}^{\frac{b}{2}} J_z(x',y')\sum_{p,q}\frac{\mathrm{e}^{-\mathrm{j}k_{x_p}(x-x')}\mathrm{e}^{-\mathrm{j}k_{y_q}(y-y')}}{k_0^2-k_{x_p}^2-k_{y_q}^2}\mathrm{d}x'\mathrm{d}y'+$$

$$\frac{J_z(x,y)}{\mathrm{j}k_0 Y_0(\varepsilon_\mathrm{r}(x,y)-1)}=E_z^\mathrm{i}(x,y) \tag{3.11}$$

TE_z 波入射时二维电磁晶体满足的电场积分方程为

$$\mathrm{j}k_0 Z_0\left(1+\frac{1}{k_0^2}\frac{\partial^2}{\partial x^2}\right)\int_{-\frac{b}{2}}^{\frac{b}{2}}\int_{-\frac{b}{2}}^{\frac{b}{2}} J_x(x',y')\sum_{p,q}\frac{\mathrm{e}^{-\mathrm{j}k_{x_p}(x-x')}\mathrm{e}^{-\mathrm{j}k_{y_q}(y-y')}}{k_0^2-k_{x_p}^2-k_{y_q}^2}\mathrm{d}x'\mathrm{d}y'+$$

$$\frac{Z_0}{\mathrm{j}k_0}\frac{\partial^2}{\partial x\partial y}\int_{-\frac{b}{2}}^{\frac{b}{2}}\int_{-\frac{b}{2}}^{\frac{b}{2}} J_y(x',y')\sum_{p,q}\frac{\mathrm{e}^{-\mathrm{j}k_{x_p}(x-x')}\mathrm{e}^{-\mathrm{j}k_{y_q}(y-y')}}{k_0^2-k_{x_p}^2-k_{y_q}^2}\mathrm{d}x'\mathrm{d}y'+$$

$$\frac{J_x(x,y)}{\mathrm{j}k_0 Y_0(\varepsilon_\mathrm{r}(x,y)-1)}=E_x^\mathrm{i}(x,y) \tag{3.12a}$$

$$\mathrm{j}k_0 Z_0\left(1+\frac{1}{k_0^2}\frac{\partial^2}{\partial x^2}\right)\int_{-\frac{b}{2}}^{\frac{b}{2}}\int_{-\frac{b}{2}}^{\frac{b}{2}} J_y(x',y')\sum_{p,q}\frac{\mathrm{e}^{-\mathrm{j}k_{x_p}(x-x')}\mathrm{e}^{-\mathrm{j}k_{y_q}(y-y')}}{k_0^2-k_{x_p}^2-k_{y_q}^2}\mathrm{d}x'\mathrm{d}y'+$$

$$\frac{Z_0}{\mathrm{j}k_0}\frac{\partial^2}{\partial x\partial y}\int_{-\frac{b}{2}}^{\frac{b}{2}}\int_{-\frac{b}{2}}^{\frac{b}{2}} J_x(x',y')\sum_{p,q}\frac{\mathrm{e}^{-\mathrm{j}k_{x_p}(x-x')}\mathrm{e}^{-\mathrm{j}k_{y_q}(y-y')}}{k_0^2-k_{x_p}^2-k_{y_q}^2}\mathrm{d}x'\mathrm{d}y'+$$

$$\frac{J_y(x,y)}{\mathrm{j}k_0 Y_0(\varepsilon_\mathrm{r}(x,y)-1)}=E_y^\mathrm{i}(x,y) \tag{3.12b}$$

式中，x',y' 代表源点，x,y 代表场点；$k_{x_p}=\frac{2\pi p}{a}+k_{x_0}$，$k_{y_q}=\frac{2\pi q}{a}+k_{y_0}$，$k_{x_0}$ 和 k_{y_0} 分别表示 x 和 y 方向对应的 0 阶 Floquet 谐波，$p\in[-(N_p-1)/2,(N_p-1)/2]$，$q\in[-(N_q-1)/2,(N_q-1)/2]$，且 p,q 均取整数，N_p,N_q 分别表示 x 和 y 方向 Floquet 模数；介质分布函数 $\varepsilon_\mathrm{r}(x,y)=\begin{cases}\varepsilon_\mathrm{r}, & (x,y)\in S\\ 1, & (x,y)\notin S\end{cases}$，$S$ 为填充介质区域。

下面以 TM_z 波为例来说明阻抗矩阵元素的求解和本征方程的推导。将介质区域离散为 $N=N_x\times N_y$ 个小单元 ΔS_n，单元边长为 $\Delta x=b/N_x$，$\Delta y=b/N_y$。采用分段脉冲基函数 $\Pi_n(x,y)$，于是感应电流可表示为

$$J_z(x,y)=\sum_{n=1}^{N}J_n\Pi_n(x,y) \tag{3.13}$$

$$\Pi_n(x,y)=\begin{cases}1, & (x,y)\in\Delta S_n\\ 0, & (x,y)\notin\Delta S_n\end{cases} \tag{3.14}$$

式中，J_n 为未知系数。

采用伽略金法，并令入射电场为零，将式(3.11)化为矩阵方程形式

$$\mathbf{Z}\cdot\mathbf{J}=\mathbf{0} \tag{3.15}$$

式中，阻抗矩阵的形式为 $\mathbf{Z}=[Z_{mn}+\delta Z_{mn}]$，其矩阵元素为

$$Z_{mn}=K_0\sum_{p,q}\sin c^2\left(\frac{k_{x_p}\Delta x}{2}\right)\sin c^2\left(\frac{k_{y_q}\Delta y}{2}\right)\frac{\mathrm{e}^{-\mathrm{j}k_{x_p}(x_m-x_n)}\mathrm{e}^{-\mathrm{j}k_{y_q}(y_m-y_n)}}{k_0^2-k_{x_p}^2-k_{y_q}^2} \tag{3.16}$$

$$\delta Z_{mn}=\frac{\delta_{mn}\Delta x\Delta y}{\mathrm{j}k_0 Y_0(\varepsilon_\mathrm{r}-1)} \tag{3.17}$$

在式(3.16)中，系数 $K_0=\mathrm{j}k_0 Z_0\left(\frac{\Delta x\Delta y}{a}\right)^2$。

对于 TE_z 波入射情况，采用与以上相同的处理过程所得阻抗矩阵的形式为 $\boldsymbol{Z}=\begin{bmatrix} Z_{mn}^{xx}+\delta Z_{mm}^{xx} & Z_{mn}^{xy} \\ Z_{mn}^{yx} & Z_{mn}^{yy}+\delta Z_{mm}^{yy} \end{bmatrix}$，其矩阵元素为

$$Z_{mn}^{xx}=K_0\sum_{p,q}\left(1-\frac{k_{x_p}^2}{k_0^2}\right)\sin c^2\left(\frac{k_{x_p}\Delta x}{2}\right)\sin c^2\left(\frac{k_{y_q}\Delta y}{2}\right)\frac{\mathrm{e}^{-\mathrm{j}k_{x_p}(x_m-x_n)}\mathrm{e}^{-\mathrm{j}k_{y_q}(y_m-y_n)}}{k_0^2-k_{x_p}^2-k_{y_q}^2} \tag{3.18}$$

$$Z_{mn}^{xy}=K_0\sum_{p,q}\left(-\frac{k_{x_p}k_{y_q}}{k_0^2}\right)\sin c^2\left(\frac{k_{x_p}\Delta x}{2}\right)\sin c^2\left(\frac{k_{y_q}\Delta y}{2}\right)\frac{\mathrm{e}^{-\mathrm{j}k_{x_p}(x_m-x_n)}\mathrm{e}^{-\mathrm{j}k_{y_q}(y_m-y_n)}}{k_0^2-k_{x_p}^2-k_{y_q}^2} \tag{3.19}$$

$$Z_{mn}^{yx}=Z_{mn}^{xy} \tag{3.20}$$

$$Z_{mn}^{yy}=K_0\sum_{p,q}\left(1-\frac{k_{y_q}^2}{k_0^2}\right)\sin c^2\left(\frac{k_{x_p}\Delta x}{2}\right)\sin c^2\left(\frac{k_{y_q}\Delta y}{2}\right)\frac{\mathrm{e}^{-\mathrm{j}k_{x_p}(x_m-x_n)}\mathrm{e}^{-\mathrm{j}k_{y_q}(y_m-y_n)}}{k_0^2-k_{x_p}^2-k_{y_q}^2} \tag{3.21}$$

$$\delta Z_{mm}^{xx}=-\frac{\delta_{mn}\Delta x\Delta y}{\mathrm{j}k_0Y_0(\varepsilon_r-1)} \tag{3.22}$$

$$\delta Z_{mm}^{yy}=\delta Z_{mm}^{xx} \tag{3.23}$$

3.4.2 本征方程的求解及分析

对于二维电磁晶体本征方程的求解，可采用 2.5.3 节中介绍的两种搜索方法，这里采用固定入射波数搜索法求解。单点搜索的具体步骤为：固定入射波数 k_0（或频率 f）及传播常数 k_{x_0}（或 k_{y_0}），定步长改变另一个传播常数 k_{y_0}（或 k_{x_0}），在简约布里渊区内搜索 $abs(\det|\boldsymbol{Z}|)$ 最小值所对应的传播常数。重复执行可以寻求到多个多频率点对应的传播常数，将它们绘成曲线，便可很直观地反映出电磁晶体所对应的带隙结构。

下面就采用此方法分析一个普通介质方柱电磁晶体归一化频率与归一化传播常数的对应关系，并与平面波展开法求解结果对比。周期矩量法参数选择如下：$\varepsilon_r=8.9$，$b/a=0.354\ 5$，总的剖分单元数 $N=15\times15$，Floquet 模数 $N_p=N_q=15$，搜索步长为 0.01。周期矩量法和平面波展开法的求解结果如表 3.1 所示，在 Xeon(TM) 3 GHz 的计算机上采用周期矩量法搜索单个频率点耗时约 1 200 s。

表 3.1　计算结果对比表（横磁波垂直入射，即 $k_{y_0}=0$）

fa/c \ $k_{x_0}a$	0.035 38	0.070 50	0.105 1	0.138 86	0.170 34	0.201 96
PMM	0.31	0.63	0.94	1.26	1.57	1.89
PWE	0.314 16	0.628 32	0.942 48	1.256 6	1.570 8	1.885

由表 3.1 中可以看出，采用以上两种方法求解得到的结果吻合较好，这从一个侧面验证了周期矩量法在求解二维电磁晶体带隙结构中的有效性。但由单点搜索耗费的时间可知，采用周期矩量法进行带隙分析是相当耗时的，所以有必要改进模型，以缩短分析时间。为解决这一问题，在下一节中将介绍等效介质理论在矩量法分析二维电磁晶体带隙结构中的应用。

3.5　EMT 在矩量法分析二维电磁晶体带隙结构中的应用

3.5.1　等效介质理论

下面介绍等效介质理论（Effective Medium Theory，EMT）是如何将二维结构等效为一维结构的。二维电磁晶体结构如图 3.25 左侧所示，ε_1 为背景介质的相对介电常数，ε_2 为填充介质的相对介电常数，a 为周期间隔，b 为填充方柱边长。根据等效介质理论[10]，在采用矩量法分析电磁晶体时，可用相对介电常数为 $\varepsilon_{\rm eff}$ 的一维均匀薄层结构来代替二维周期结构，如图 3.25 右侧所示。

假设电磁波沿 x 方向入射，二维电磁晶体结构被相对介电常数为 $\varepsilon_{\rm eff}$ 的一维均匀薄层结构所代替。波长 $\lambda = c/f$，f 表示入射频率，c 表示真空中光速，$\alpha = a/\lambda$ 表示周期与波长之比，$f_{\rm s} = b/a$ 表示填充率。一维均匀薄层结构的等效介电常数 $\varepsilon_{\rm eff}$ 表达式如下[1]：

$$\varepsilon_{\rm eff} = \frac{1}{a_0} + \frac{\pi^2}{3}\left[f_{\rm s}(1-f_{\rm s})\frac{(\varepsilon_2-\varepsilon_1)}{\varepsilon_2\varepsilon_1}\right]^2\frac{\varepsilon_0}{a_0^3}\alpha^2 + o(\alpha^4)\quad ({\rm TM}) \tag{3.24a}$$

$$\varepsilon_{\rm eff} = \varepsilon_0 + \frac{\pi^2}{3}\left[f_{\rm s}(1-f_{\rm s})(\varepsilon_2-\varepsilon_1)\right]^2\alpha^2 + o(\alpha^4)\quad ({\rm TE}) \tag{3.24b}$$

式中，ε_0 表示平均相对介电常数，$\varepsilon_0 = \varepsilon_2 f_{\rm s} + \varepsilon_1(1-f_{\rm s})$，$a_0$ 表示相对介电常数倒数的算术平均值，$a_0 = f_{\rm s}/\varepsilon_2 + (1-f_{\rm s})/\varepsilon_1$。

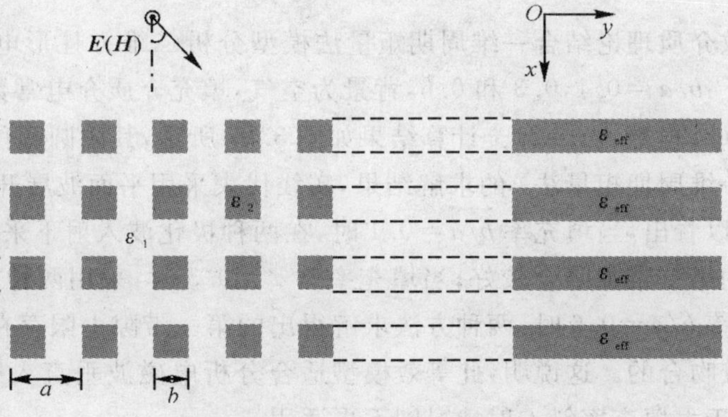

图 3.25　等效介质理论

经过上面的结构等效后，就可以采用一维电磁晶体的周期矩量法模型（见 2.5 节）来对二维电磁晶体进行等效分析，计算其带隙。

3.5.2　算例与分析

在利用等效模型求解二维电磁晶体带隙结构之前，首先来分析一下填充率对等效介电常数的影响。计算参数选择如下：填充率 b/a 取 0.1，0.2，0.3，0.4，0.5 和 0.6，背景介质为空气，填充介质柱相对介电常数取 8.9。利用式（3.24a）和式（3.24b）计算得出等效介电常数与周期波长比的关系曲线如图 3.26 所示。从图 3.26 中可以看出，对于不同的入射极化波，等效介电常数均随填充率的增大而增大；填充率越大，关系曲线的切线斜率越大，即等效介电常数随周期波长比的增大幅度越明显。

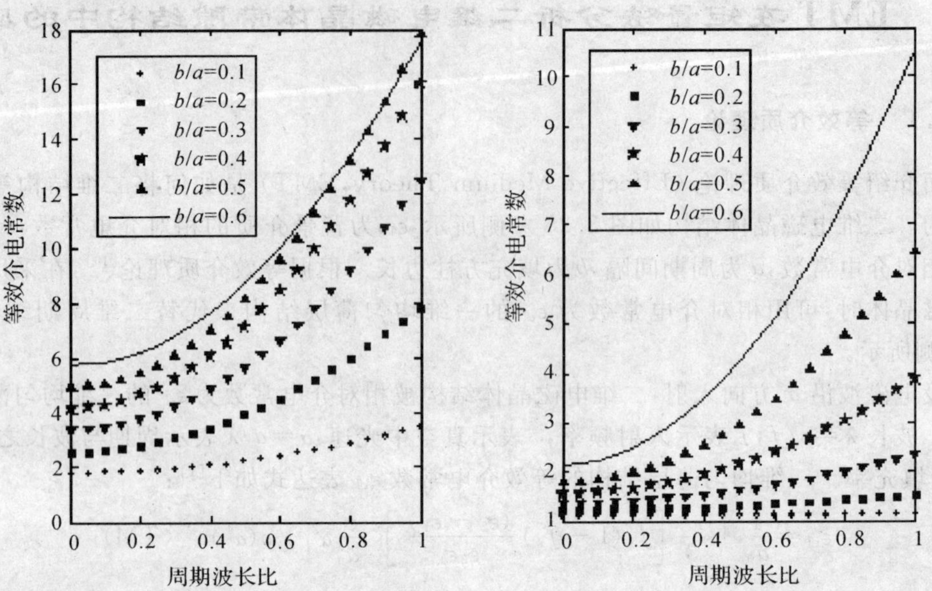

(a) (b)

图 3.26 不同填充率下等效介电常数与周期波长比的关系

(a) 横磁波；(b) 横电波

下面采用等效介质理论结合一维周期矩量法模型分析二维方柱形电磁晶体的带隙结构，计算参数选择如下：$b/a=0.1$，0.3 和 0.6，背景为空气，填充介质介电常数取 8.9，介质单元剖分数 $N=40$，Floquet 模数 $N_p=21$。计算结果如图 3.27 所示，其中圆圈代表采用等效模型（等效介质理论结合一维周期矩量法）的求解结果，实线代表采用平面波展开法的求解结果。

由图 3.27 可以看出，当填充率 $b/a=0.1$ 时，在两种极化波入射下采用等效模型与采用平面波展开法得出的第一带隙吻合较好；当填充率 $b/a=0.3$ 时，采用两种方法得出的第一带隙基本吻合；当填充率 $b/a=0.6$ 时，两种方法求解得出的第一带隙上限存在一定差异，但在较低频率范围还是比较吻合的。这说明，此等效模型适合分析电磁波垂直入射下小填充率电磁晶体的低频带隙，对于大填充率斜入射情况则不再适用。

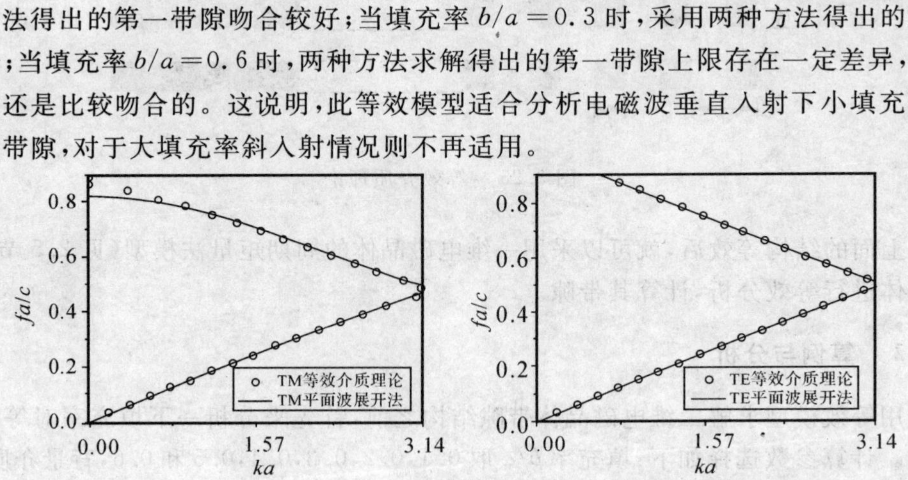

(a)

图 3.27 采用等效模型的计算结果与采用平面波展开法的计算结果

(a) $b/a=0.1$

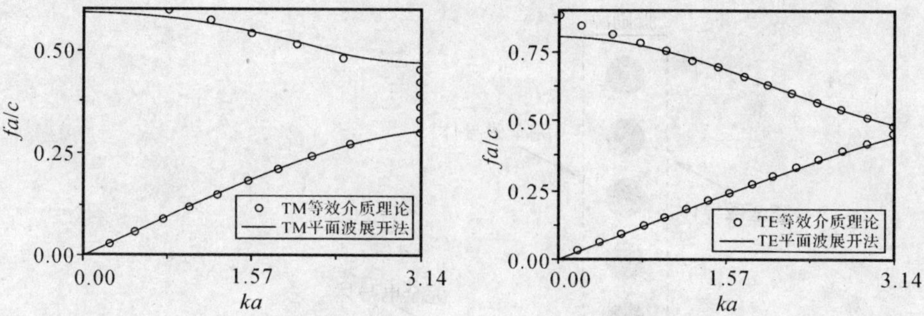

(b)

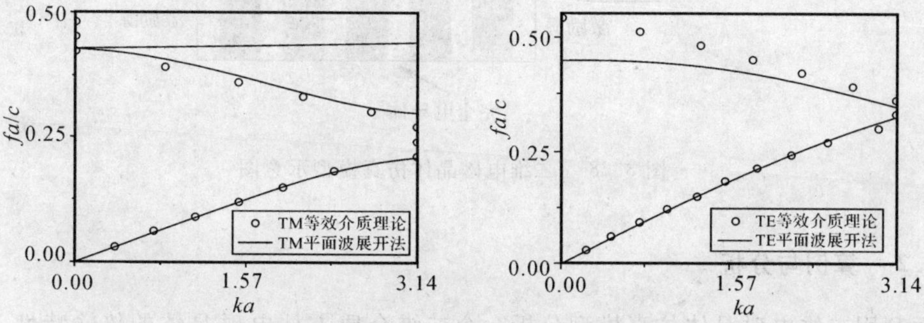

(c)

（续）图 3.27　采用等效模型的计算结果与采用平面波展开法的计算结果

(b) $b/a = 0.3$;　(c) $b/a = 0.6$

3.6　二维电磁晶体的仿真分析

前面介绍了平面波展开法和周期矩量法分析模型，除了可以采用数值方法分析二维电磁晶体外，一些仿真软件如 HFSS，CST 等也能实现对此类结构的分析。仿真分析得出的传输系数，同样可以反映出电磁晶体的带隙特性，数值计算结果和仿真结果还可在一定程度上进行相互验证。

3.6.1　二维电磁晶体仿真模型的建立

这里介绍的是二维电磁晶体的 HFSS 仿真模型。当均匀平面波垂直照射一个轴向为无限高度的二维周期介质结构时，电磁波的传播模式类似于介质波导的传播模式，因此可以建立类似介质波导的仿真模型对二维电磁晶体进行仿真分析[1]。仿真模型如图 3.28 所示，其中灰色单元代表介质柱，纵向周期采用有限个数，这里选择 5 个。将模型中两个侧面的边界条件设置为完全磁导体(PMC)，表示介质柱在横向为无限周期；将上、下面的边界条件设置为完全电导体(PEC)，表示介质柱为无限高度；前、后加激励源(Port)。

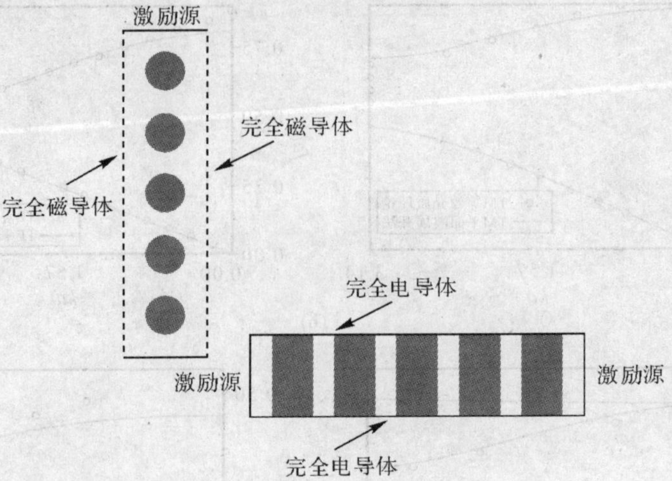

图 3.28　二维电磁晶体仿真模型示意图

3.6.2　算例与分析

下面利用二维电磁晶体仿真模型分析一个二维介质方柱电磁晶体的传输特性，并与平面波展开法的求解结果进行对比。计算参数选择如下：横磁波入射，$b=4$ mm，周期间隔 $a=10$ mm，介质相对介电常数取 10.2。建立的仿真模型如图 3.29 所示，图中未标出相应的边界条件和激励源。

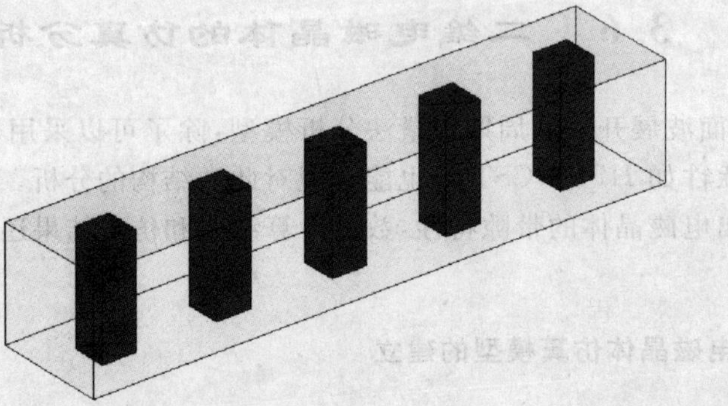

图 3.29　二维介质方柱电磁晶体的仿真模型

仿真结果及平面波展开法计算结果如图 3.30 所示。在采用平面波展开法求解时，选择 121 个平面波展开，传播常数采样范围为 $\Gamma \sim X$ 段。由图 3.30 可以看出，采用平面波展开法计算得出的带隙频率是从 7.3～12 GHz，采用 HFSS 仿真得出的带隙频率是从 7.2～12 GHz。由此可见，数值计算结果和电磁仿真结果吻合较好，这从一个侧面验证了数值计算结果的可靠性。同时可以得出结论，在电磁晶体结构的分析中，电磁仿真也是一种比较有效的方法。

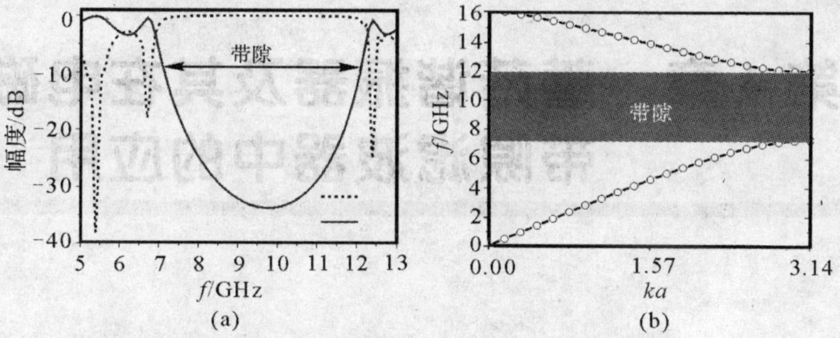

图 3.30　HFSS 仿真结果与平面波展开法计算结果对比

(a) HFSS 仿真结果；(b) 平面波展开法计算结果

参考文献

[1]　Shumpert J D. Modeling of periodic dielectric structures (electromagnetic crystals) [D]. Michigan: University of Michigan, 2001.

[2]　Lin Q C, Zhu F M, He S L. A new photonic band-gap cover for a patch antenna with a photonic band-gap substrate[J]. Journal of Zhejiang University SCIENCE, 2004, 5 (3): 269－273.

[3]　Zhu F M, Lin Q C. High-directivity patch antenna with both perfect magnetic conductor substrate and photonic band-gap cover[C]//. Asia-Pacific Microwave Conference. Suzhou:[出版者不详], 2005, 4: 2592－2595.

[4]　Danner A J. Photonic crystal modeling and fabrication in gallium arsenide materials [D]. Illinois: University of Illinois, 2002.

[5]　杨宗侃. 一维及二维光子晶体能带结构之研究[D]. 台湾：逢甲大学，2004.

[6]　郑秋容. 微波光子晶体带隙特性及其在天线中的应用[D]. 长沙：国防科学技术大学，2007.

[7]　孙博文. 分形算法与程序设计[M]. 北京：科学出版社，2004.

[8]　梅洛勤. 用传输矩阵法(TMM)研究光子晶体的传输特性[D]. 长沙：国防科学技术大学，2002.

[9]　Liu W L, Yang T J, Gu B Y. Sensitivity of complete bandgaps to the shift of movable dielectric rod in two-dimensional photonic crystals with complex lattices[J]. Journal of physics, 2004, 16: 4557－4566.

[10]　付树洪. 电磁晶体带隙分析及其应用研究[D]. 西安：空军工程大学，2008.

第4章 蘑菇谐振器及其在电磁带隙滤波器中的应用

4.1 引言

经典的EBG(电磁带隙)结构需要在介质材料中掺杂其他材料或打孔[1-7],制作非常复杂。1998年,Radisic针对微带线提出了一种新的EBG结构[8],只须在金属接地面上蚀刻出周期结构,即可实现EBG的性能。这种方法大大降低了制作难度,人们采用普通的机械加工工艺就能非常容易地制备EBG结构。正是这种新颖制作方法的提出使得EBG结构传输线在实际中的应用得到突破,大大促进了EBG结构在微波电路中的应用。这种周期地面蚀刻型EBG结构虽然很好地解决了介质打孔型EBG结构带来的制作难题,但由于其单元周期为1/2导波波长,而且需要至少5～7个单元才能出现较好的阻带,因此尺寸一般都比较大,这使得它们在较低频率不太适用。一些研究人员采用弯折传统直线型EBG结构的方法,提出了一系列小型化的EBG结构[9-10]。由于单元周期仍然满足1/2导波波长,因此这种方法只能在一定程度上减小EBG尺寸,而并不能从结构上根本解决问题。

为此,研究人员提出了一种新颖的紧凑型双层EBG结构[11]。这种结构单元不是在地面上打孔,而是用一源于地面的金属过孔支撑一个金属贴片,平行放置在微带和接地面之间,扰乱微带线和接地面之间的电磁分布,从而引入附加的电感和电容,导致能量在某个频率上发生谐振,产生阻带效应。金属过孔连接金属贴片,其结构形状类似蘑菇,因此这种结构被形象地称为蘑菇谐振器。与之前的结构相比,这种新结构可以用较少的单元获得更优异的阻带,适合在较低频率应用,因此更有利于电路的小型化。EBG滤波器是EBG结构的重要应用之一。EBG滤波器能有效抑制电路中的谐波信号,用于放大器等,可以提高器件的性能。为了适应现代无线通信系统对微波电路的应用需求,设计出小型化和宽阻带的EBG滤波器具有十分重要的现实意义。本章主要介绍几种蘑菇谐振器在EBG滤波器中的应用。

4.2 EBG形成机理

EBG结构的应用是基于带隙的存在与大小,因此在设计和应用EBG结构之前,必须深刻理解EBG的形成机理。对于不同的EBG结构,其带隙形成机理有所不同。

EBG结构的周期性引起散射波相位的周期分布,各单元的散射波造成反向叠加而相互抵消,从而形成了频率带隙,称之为Bragg散射机理。带隙形成主要由此机理决定的EBG结构被称为Bragg散射型EBG结构,如周期蚀刻传输线(包括微带、共面波导)EBG结构[12-13]。

以微带Bragg散射型EBG结构为例,根据Bragg散射条件,可知

$$2k = k_{\text{Bragg}} \frac{2\pi}{a} \tag{4.1}$$

式中，k 为导波模波数，a 为 EBG 结构单元的周期间隔。a 与波导波长 λ_g 存在以下关系：

$$a = \frac{\lambda_g}{2} \tag{4.2}$$

$$\lambda_g = \frac{\lambda_0}{\sqrt{\varepsilon_{\text{eff}}}} = \frac{c}{f_0 \sqrt{\varepsilon_{\text{eff}}}} \tag{4.3}$$

$$\varepsilon_{\text{eff}} = \frac{\varepsilon_r + 1}{2} + \frac{\varepsilon_r - 1}{2}\left(1 + 12\,\frac{h}{w}\right)^{-0.5}, \quad \frac{w}{h} \geqslant 1 \tag{4.4}$$

在式(4.3)和式(4.4)中，λ_0 代表 EBG 结构阻带中心频率对应波长，c 代表光速，ε_{eff} 代表微带线有效介电常数，ε_r 代表介质基板的相对介电常数，h 代表介质基板厚度，w 表示特性阻抗为 50 Ω 的微带线宽度。

由此可知，在基板材料选定以后，Bragg 散射型 EBG 结构的阻带受周期影响很大，这对电路的小型化是不利的。因此，研究人员又提出了另一些 EBG 结构，其周期单元自身具有较强的谐振效应，在带隙的形成中处于主导地位，称为局域谐振机理。带隙形成主要由此机理决定的 EBG 结构被称为局域谐振型 EBG 结构，如 UC-PBG、蘑菇谐振器 EBG 结构等。

在实际中，EBG 结构的带隙形成往往受到两种机理的影响，只不过在不同情况下起主导作用的机理不同而已。对于谐振型 EBG 结构，由于其结构单元的谐振性较强，谐振频率主要受结构单元的影响。因此，采用较少的单元就可获得令人满意的阻带特性，这使得电路结构更加紧凑。可见，与 Bragg 散射型 EBG 结构相比，局域谐振型 EBG 结构在微波电路和天线等方面的应用更具优势。

4.3　蘑菇谐振器

对蘑菇谐振器进行分析，了解带隙特性与结构参数之间的关系，不仅可以帮助理解蘑菇谐振器带隙形成机理，而且可以对 EBG 结构及其相关器件的设计提供指导。目前，蘑菇谐振器在传输线中的应用主要集中在微带线上。根据金属过孔的连接位置不同，微带蘑菇谐振器可以划分为接地蘑菇谐振器(Grounded Mushroom Resonator, GMR)和悬置蘑菇谐振器(Suspended Mushroom Resonator, SMR)两种。将蘑菇谐振器与共面波导结合，可以得到适于单层电路使用的共面波导蘑菇谐振器(Coplanar Waveguide Mushroom Resonator, CPW MR)。下面对这几种蘑菇谐振器的结构及其特性进行详细分析。

4.3.1　微带接地蘑菇谐振器

(1) 结构描述。如图 4.1 所示为微带 GMR 结构，它主要由金属贴片、金属过孔、介质基片和接地面组成。整个结构分为上、下两层介质基片，介电常数均为 ε_r，单层厚度为 h。上层基片正面为 50 Ω 微带线，宽度为 w，反面将铜皮完全腐蚀；下层基片正面将铜皮腐蚀后形成边长为 a 的金属贴片，贴片中心有一个直径为 d 的导电金属过孔与接地面相连，反面是完整的金属接地面。

由于蘑菇谐振器尺寸远小于工作波长，可以采用集总参数来分析。当电磁波在微带 GMR 结构中传播时，金属表面上会产生感应电流，电流从金属贴片经过金属过孔流到接地面，等效为电感；电荷在金属贴片与金属接地面以及微带导带与金属贴片之间积累，等效为电容。这样就可以采用简单的 LC 等效电路来表示微带 GMR 结构，如图 4.2 所示。其中，C_1 表示微带线与金属贴片相互作用而产生的等效电容；而金属贴片、金属过孔与接地面共同构成的蘑菇谐振器采用 LC_2 谐振回路表示。

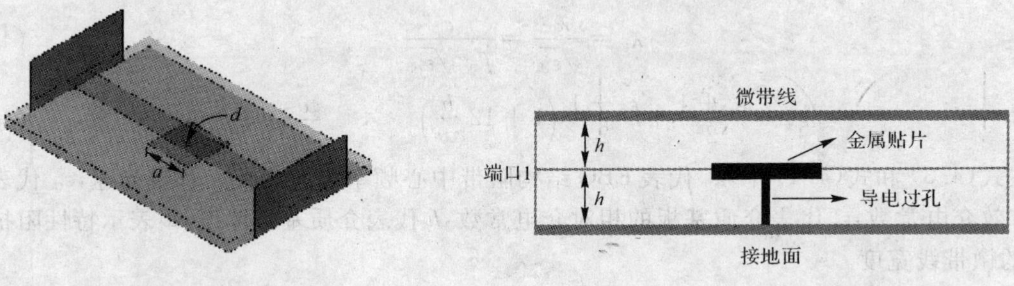

(a) (b)

图 4.1　微带 GMR 结构

(a) 3D 模型；(b) 侧视图

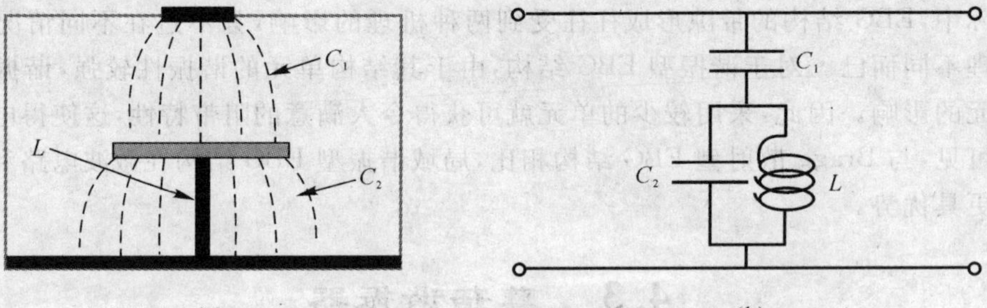

(a) (b)

图 4.2　微带 GMR 的等效电路模型

由等效电路理论可知，该结构的谐振频率为

$$f_s = \frac{1}{2\pi\sqrt{L(C_1 + C_2)}} \tag{4.5}$$

各等效参数表达式如下[14]：

$$L = \frac{\mu_0}{2\pi}h\left(\ln\frac{4h}{d} + 0.5\frac{d}{h} - 0.75\right) \tag{4.6}$$

$$C_2 = \frac{\varepsilon_r\varepsilon_0\ (a + \Delta p)^2}{h} \tag{4.7}$$

$$C_1 = \begin{cases} \dfrac{\varepsilon_r\varepsilon_0 w_{\text{eff}}(a + \Delta s)}{h}, & w \leqslant a \\ \dfrac{\varepsilon_r\varepsilon_0\ (a + \Delta s)^2}{h}, & w > a \end{cases} \tag{4.8}$$

式中，$\Delta p = 4h\ln 2/\pi$，$\Delta s = 4h\ln 2/\pi$，w 为微带线宽度，w_{eff} 为等效微带线宽度，其具体表达式参见参考文献[15]。

(2) 特性分析。由等效电路可知，在微带线参数给定的情况下，微带 GMR 的谐振频率与

贴片边长 a 和过孔直径 d 有关。下面主要讨论贴片尺寸对谐振频率的影响情况。两层介质均选择介电常数为 2.65、厚度为 0.8 mm 的聚四氟乙烯玻璃布板。因此，位于顶层的 50 Ω 微带线宽度为 4 mm。导电金属过孔直径 $d=0.8$ mm，金属贴片边长 a 分别为 4 mm，4.8 mm，5.6 mm，6.4 mm 和 7.2 mm。采用电磁仿真软件对不同贴片尺寸的微带 GMR 进行了仿真，结果如图 4.3 所示，谐振频率与贴片边长的关系如图 4.4 所示。

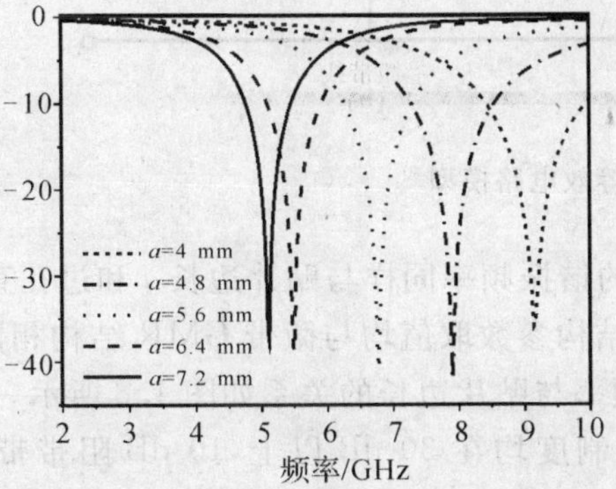

图 4.3　仿真结果

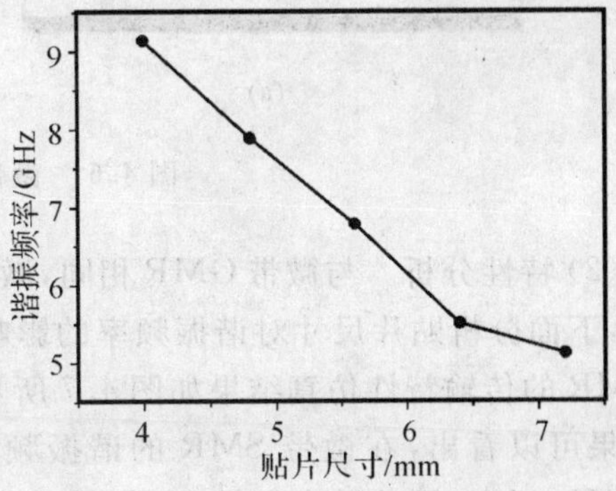

图 4.4　贴片尺寸与谐振频率的关系

由图 4.3 可以看出，微带 GMR 在谐振频率附近的抑制度在 30 dB 以上，10 dB 阻带带宽在 1 GHz 左右，因此单个微带 GMR 就具有很好的带阻特性。由图 4.4 可知，不同尺寸金属贴片的微带 GMR 具有不同的谐振频率，且谐振频率随金属贴片边长的增大而减小。分析等效电路可知，金属贴片尺寸越大，电荷在金属贴片与接地面以及金属贴片与金属导带之间积累越多，等效电容 C_1 和 C_2 就越大。根据式(4.5)，等效电容 C_1 和 C_2 增大，谐振频率随之减小。

4.3.2　微带悬置蘑菇谐振器

(1) 结构描述。微带 SMR 与微带 GMR 结构非常相似，唯一不同的是金属过孔的连接对象不同：在微带 GMR 中，与金属过孔连接的是金属接地板；而在微带 SMR 中，与金属过孔连接的是金属导带。微带 SMR 结构的 3D 模型与微带 GMR 相类似，但两者可从侧视图上加以区分，微带 SMR 结构的侧视图如图 4.5 所示。

由于金属贴片悬置于金属接地面之上，因而该结构被形象地称为悬置蘑菇谐振器(SMR)。微带 SMR 的结构参数描述与微带 GMR 相同，整个结构也分为上、下两层，介电常数均为 ε_r，单层厚度为 h。上层正面为 50 Ω 微带线，宽度为 w，反面将铜皮腐蚀后形成边长为 a 的金属贴片，贴片中心有一个直径为 d 的导电金属过孔与微带导带相连；下层正面将铜皮完全腐蚀，反面是完整的金属接地面。由电路分析可知，微带 SMR 的等效电路如图 4.6 所示。其中，C_2 表示金属贴片与金属接地面相互作用而产生的等效电容；而金属贴片、金属过孔与微带导带共同构成的蘑菇谐振器采用 LC_1 谐振回路表示。由等效电路可知，微带 SMR 的谐振频率同样满足式(4.5)。

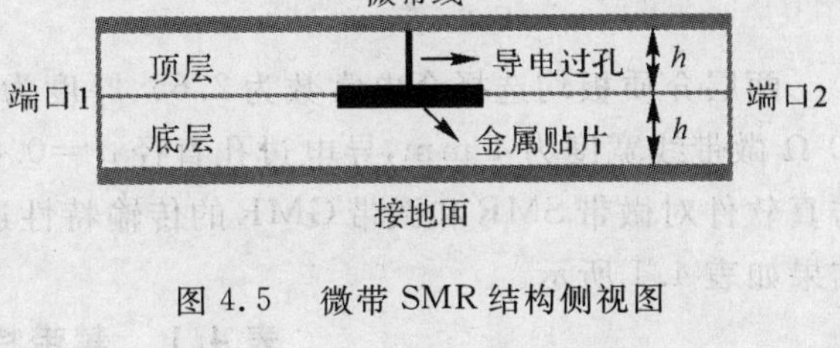

图 4.5　微带 SMR 结构侧视图

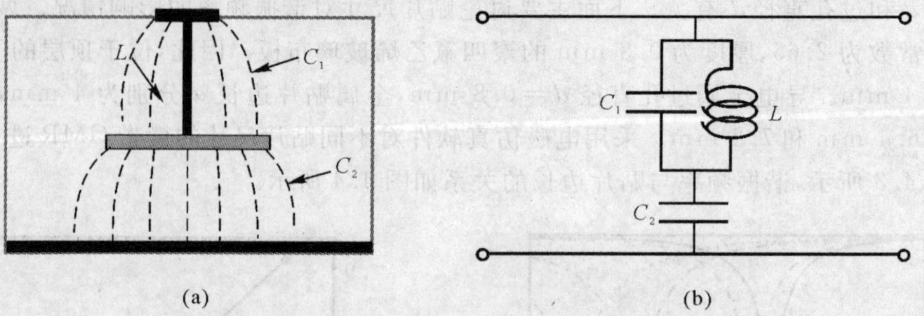

图 4.6　微带 SMR 的等效电路模型

(2) 特性分析。与微带GMR相同,微带SMR的谐振频率同样与贴片边长 a 和过孔直径 d 有关,下面分析贴片尺寸对谐振频率的影响情况。结构参数取值均与微带 GMR 结构相同,微带 SMR 的传输特性仿真结果如图 4.7 所示,谐振频率与贴片边长的关系如图 4.8 所示。从仿真结果可以看出,在微带 SMR 的谐振频率附近抑制度均在 30 dB 以上,10 dB 阻带带宽在 2.5 GHz 以上,因此单个微带 SMR 就具有很好的带阻特性。由图 4.8 可知,不同尺寸金属贴片的微带SMR具有不同的谐振频率,且谐振频率随金属贴片边长的增大而减小。分析等效电路可知,金属贴片尺寸越大,电荷在金属贴片与接地面以及金属贴片与导带之间积累越多,等效电容 C_1 和 C_2 就越大。根据式(4.5),等效电容 C_1 和 C_2 增大,谐振频率随之减小。

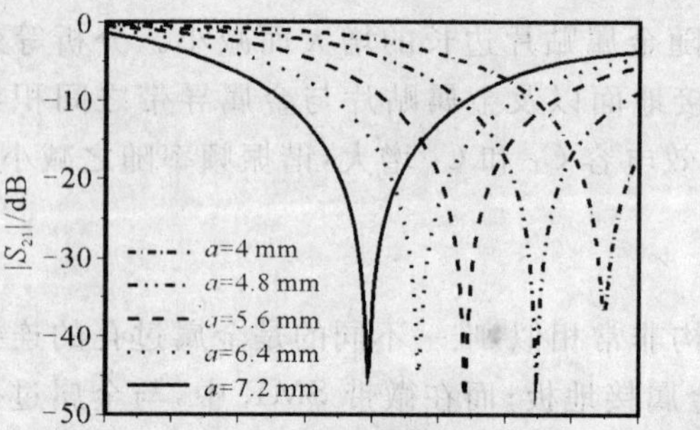

图 4.7　仿真结果

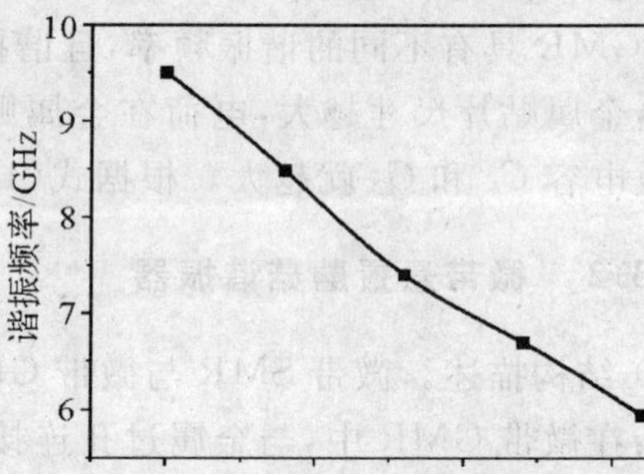

图 4.8　贴片尺寸与谐振频率的关系

两层介质板均选择介电常数为 2.65、厚度为 0.8 mm 的聚四氟乙烯玻璃布板,位于顶层的 50 Ω 微带线宽度为 4 mm,导电过孔直径 d=0.8 mm,金属贴片尺寸 a=7.2 mm。采用电磁仿真软件对微带SMR和微带GMR的传输特性进行了仿真,结果如图 4.9 所示,禁带特性对比结果如表 4.1 所示。

表 4.1　禁带特性对比结果

类　型	谐振频率 GHz	10 dB 阻带带宽 GHz	相对带宽 %	选择特性 dB/GHz	最大衰减 dB
GMR	5.11	0.68	13.3	18.3	37.70
SMR	5.94	2.74	46.1	6.4	44.91

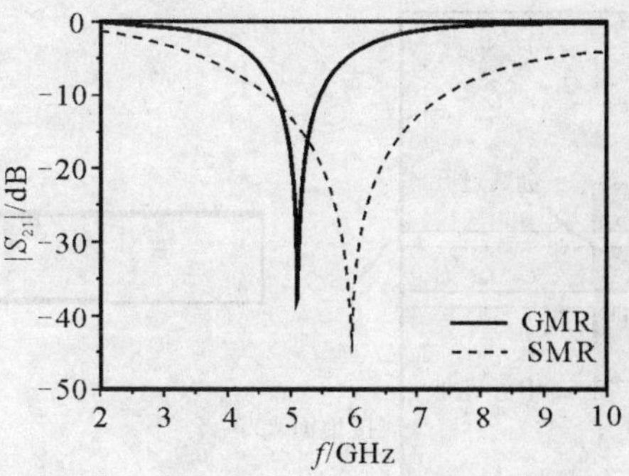

图 4.9　两种微带蘑菇谐振器的传输特性

结构禁带特性包括：通带反射损耗最大旁瓣、阻带宽度、阻带最大衰减点、选择特性 ξ 等。其中，选择特性 ξ 由下式[13] 计算：

$$\xi=\frac{\alpha_{\min}-\alpha_{\max}}{f_s-f_p} \tag{4.9}$$

式中，ξ 表示以 dB/GHz 为单位的选择特性，$\alpha_{\max}$ 表示插入损耗为 −3 dB，$\alpha_{\min}$ 表示插入损耗为 −20 dB，f_s 表示对应插入损耗为 −20 dB 时的频率点，f_p 表示对应插入损耗为 −3 dB 时的频率点。

由表 4.1 中可以看出，微带 GMR 与微带 SMR 比较，两者各具特点。微带 GMR 谐振频率更低，在相同结构参数条件下，较微带 SMR 谐振频率下降了 0.83 GHz；通带到阻带的过渡比较陡峭，选择特性几乎是微带 SMR 的 3 倍。微带 SMR 阻带更宽，10 dB 阻带带宽是微带 GMR 的 4 倍左右；阻带最大衰减较微带 GMR 略大。因此，微带 GMR 适合用作高选择性 EBG 滤波器的基本单元；微带 SMR 适合用作宽阻带 EBG 滤波器的基本单元。

4.3.3　共面波导蘑菇谐振器及其传输特性

(1) 结构描述。如图 4.10 所示为典型的共面波导(Coplanar Waveguide，CPW) 结构及其场分布。其中，灰色部分代表金属，实线代表电场线，虚线代表磁力线。在共面波导中，金属导带(信号线) 和金属接地面均处于介质基板的上表面[16]，而介质基板的下表面却没有得到有效的利用。将蘑菇谐振器与 CPW 器结合，可以得到 CPW 蘑菇谐振器结构(CPW MR)[17]，如图 4.11 所示。它是将蘑菇谐振器的金属贴片置于中心导带下方，且通过金属过孔与导带相连。整个结构建立在常规 CPW 结构中，因此并没有额外地增加电路面积。

分析可知，CPW MR 可由微带 SMR 转化而来。具体转化过程如下：将微带 SMR 下层介质基板的金属接地面一分为二，然后对称地放置在顶层介质基板金属导带两侧，去除下层介质基板，即可得到 CPW MR 结构。CPW MR 属于单层介质板构造，与双层结构的微带 SMR 相比，它具有制作简单、成本低、便于与单层电路集成等优点。

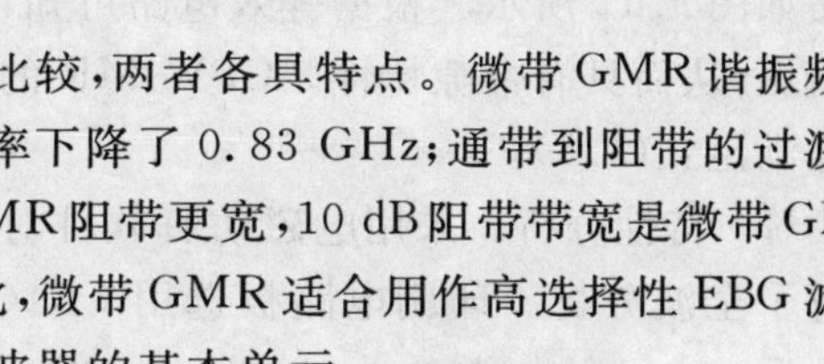

图 4.10　典型 CPW 及其场结构

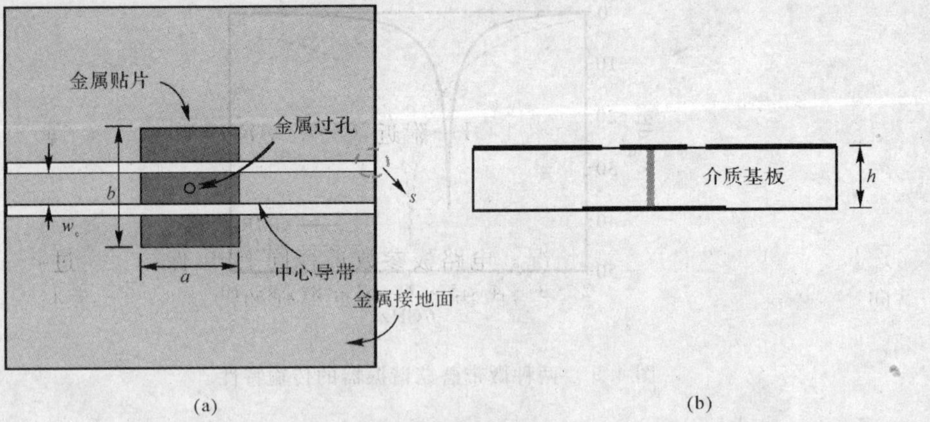

图 4.11 CPW MR 结构

(a) 顶视图； (b) 侧视图

与微带蘑菇谐振器类似，金属贴片的引入改变了CPW传输线内的电场分布，增加了CPW的等效电容，同时金属贴片上的导电金属过孔会产生额外的电感 L。分析得出 CPW MR 结构的等效电路如图 4.12 所示。根据等效电路可知，该结构存在谐振，从而具有带隙特性。CPW MR 的谐振频率同样满足式(4.5)。

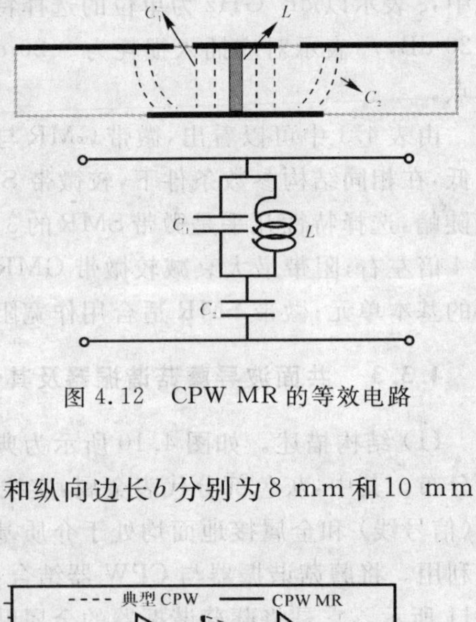

图 4.12 CPW MR 的等效电路

(2) 特性分析。采用电磁仿真软件对相关结构进行了全波分析。印刷电路板选用 FR4(基板厚度为 1.5 mm，介电常数为 4.3)。标准 CPW 采用 AWR 软件设计，中心导带宽度为 $w_c=3.6$ mm，导带与接地面之间的缝隙宽度为 $s=0.4$ mm，该尺寸对应 50 Ω 特性阻抗。蘑菇谐振器的结构参数选择如下：金属过孔直径 $d=0.8$ mm，金属贴片横向边长 a 和纵向边长 b 分别为 8 mm 和 10 mm。仿真结果如图 4.13 所示。

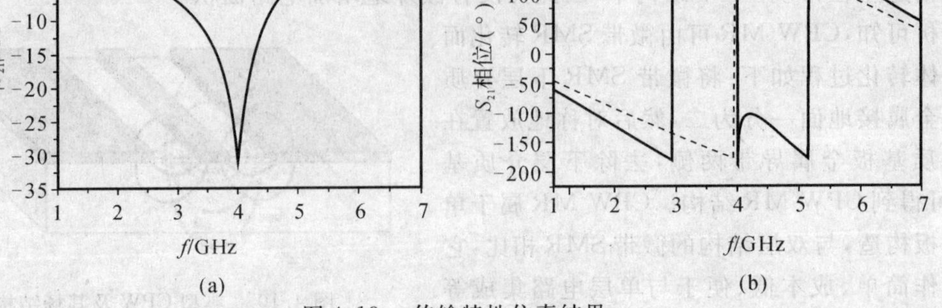

图 4.13 传输特性仿真结果

(a) S_{21} 幅度； (b) S_{21} 相位

由图 4.13(a) 可以看出，CPW MR 具有一个明显的带隙(中心频率为 4 GHz)，10 dB 阻带宽度在 1 GHz 左右，阻带最大衰减优于 30 dB。而标准 CPW 传输线没有带隙，这与实际是相符合的。图 4.13(b) 展示了标准 CPW 和 CPW MR 的相位特性。从图上可以看出，与标准 CPW 的相位曲线相比，在带隙中心频率 4 GHz 附近，CPW MR 的相位发生了剧烈的变化，这意味着 CPW MR 具有慢波特性。

由等效电路可知，CPW MR 的带隙特性受金属贴片和金属过孔的影响。首先，分析金属贴片横向边长 a 对带隙特性的影响情况。电路板参数选择同上节，保持金属过孔直径 d 和金属贴片纵向边长 b 不变，改变金属贴片横向边长 a，仿真得到的传输曲线如图 4.14(a) 所示。从图上可以明显看出，带隙中心频率(谐振频率) 随着 a 值的增加而下降，由 4.63 GHz 降至 3.53 GHz。根据等效电路可知，金属贴片横向边长 a 增加，金属贴片面积增加，等效电容 C_1 和 C_2 随之增加，因而带隙中心频率(谐振频率) 随之下降。金属贴片纵向边长 b 对带隙特性的影响与此类似，如图 4.14(b) 所示。

下面分析金属过孔直径 d 对带隙特性的影响。保持金属贴片尺寸不变，改变金属过孔直径 d，仿真传输曲线如图 4.14(c) 所示。由图中可知，带隙中心频率随着 d 值的增加而升高，由 3.25 GHz 升至 4.64 GHz。根据等效电路可知，金属过孔直径增加，电感 L 随之减小，因而带隙中心频率(谐振频率) 随之升高。

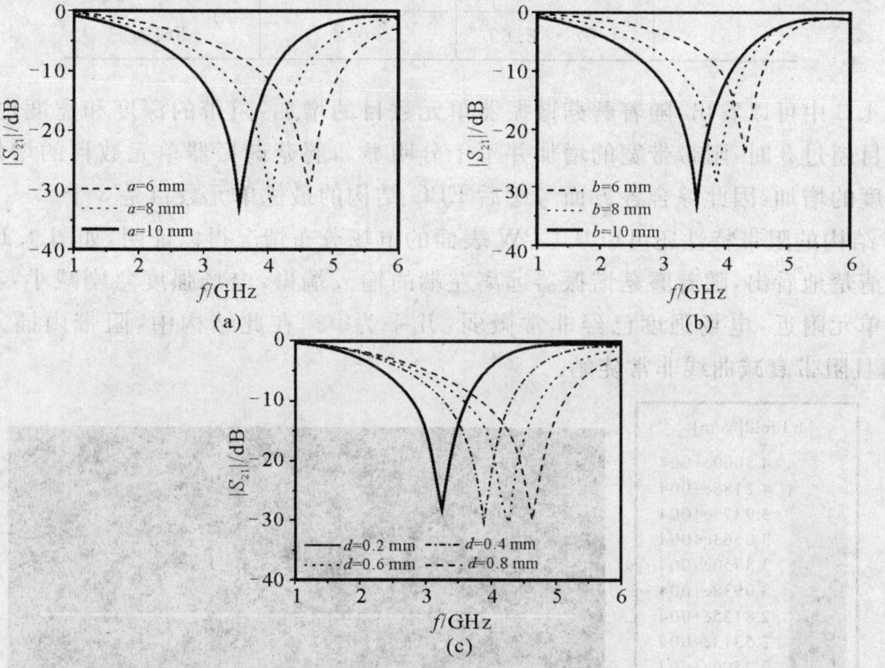

图 4.14　不同结构参数下 CPW MR 的传输特性

(a)$b=10$ mm，$d=0.8$ mm；　(b)$a=10$ mm，$d=0.8$ mm；　(c)$a=6$ mm，$b=10$ mm

以上对影响 CPW MR 带隙特性的参数进行了深入研究，下面来分析由 CPW MR 周期排列构成的 EBG 结构的传输特性。EBG 结构如图 4.15(a) 所示，单元间隔 $g_1=0.5$ mm。蘑菇谐振器单元参数选择如下：$a=4$ mm，$b=8$ mm，$d=0.8$ mm。对具有不同单元数的 EBG 结构传输特性进行了仿真计算，结果如图 4.15(b) 所示，阻带特性对比结果如表 4.2 所示。

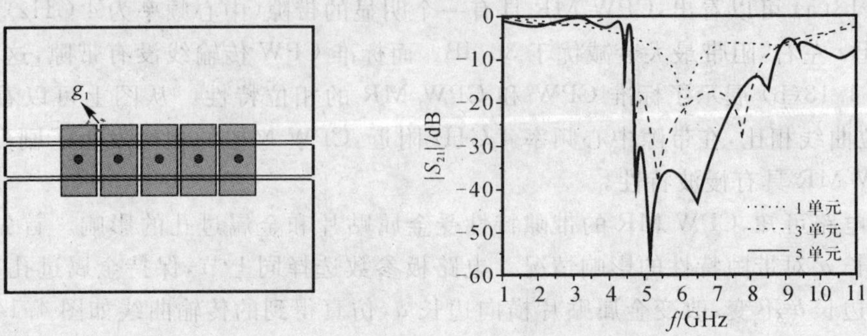

(a) (b)

图 4.15　EBG 结构及其传输特性

(a)EBG 结构；（b）传输特性仿真结果

表 4.2　阻带特性对比结果

单元数	10 dB 阻带 GHz	相对带宽 (%)	最大衰减 dB
1	5.69 ～ 6.56	14.2	22.6
3	4.67 ～ 8.38	56.9	38.3
5	4.67 ～ 8.69	60.2	56.2

从表 4.2 中可以看出，随着蘑菇谐振器单元数目的增加，阻带的深度和宽度也随之增加；当单元数目超过 3 时，阻带带宽的增加并不十分明显。蘑菇谐振器单元数目的增加必然导致结构复杂度的增加，因此综合各方面考虑后 EBG 结构的最优单元数目是 3 个。

EBG 结构的阻带特性还可以从 CPW 表面的电场分布情况得以证明，如图 4.16 所示。从图上可以清楚地看出，随着蘑菇谐振器远离左端的输入端口，电场强度急剧减小，在第二个蘑菇谐振器单元附近，电场强度已经非常微弱，几乎为 0。在此结构中，阻带内插入损耗接近 60 dB，而且阻带衰减曲线非常陡峭。

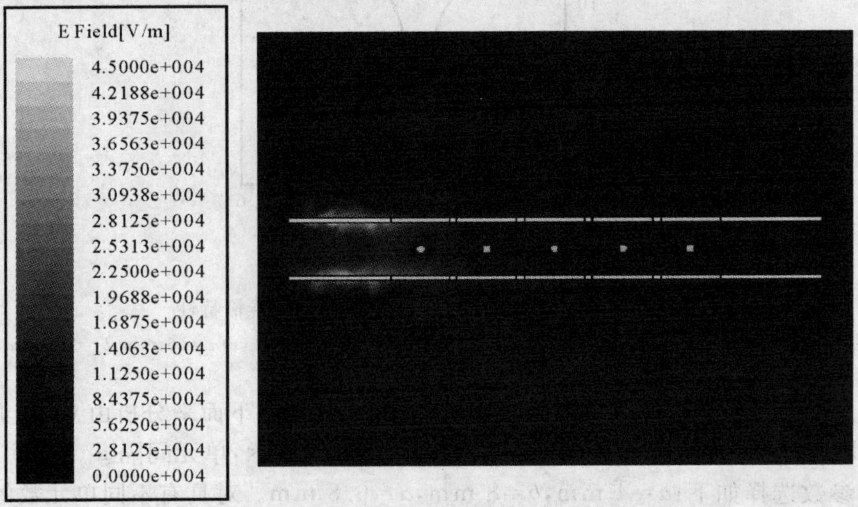

图 4.16　CPW 表面电场分布情况(f = 6 GHz)

4.4 蘑菇谐振器在电磁带隙滤波器中的应用

蘑菇谐振器易于制备，发展非常迅速，目前已进入实用化阶段。但蘑菇谐振器结构由于受到自身电特性的限制，往往带隙的宽度较窄，这在一定程度上限制了应用。关于如何展宽 EBG 结构的带隙宽度是一个目前被广泛关注的问题，已有研究人员做了一些有益的探索。通常采用的方法是数字加窗法[18]、多层结构法[19]、变参数法[20]等，但这些方法针对的是地面蚀刻型 EBG 结构，对于蘑菇谐振器 EBG 结构则不太适用。从蘑菇谐振器自身结构特点出发，本章采用组合单元法扩展 EBG 结构带宽，构造了基于三种不同蘑菇谐振器的 EBG 滤波器。

4.4.1　微带 GMR EBG 滤波器

采用组合具有不同谐振频率的微带 GMR 单元设计的微带 GMR EBG 滤波器如图 4.17 所示。结构尺寸参数选择如下：$a_1 = 7.2$ mm，$a_2 = 6.4$ mm，$a_3 = 5.6$ mm，$a_4 = 4.8$ mm，$a_5 = 4$ mm，$g = 0.8$ mm，$w_1 = 2$ mm，$l = 70$ mm。两层介质板均选择介电常数为 2.65、厚度为 0.8 mm 的聚四氟乙烯玻璃布板。在此结构中，蘑菇谐振器上方的窄中心导带可以有效降低通带插入损耗和波纹系数。采用电磁仿真软件对结构作了仿真，结果如图 4.18 所示。

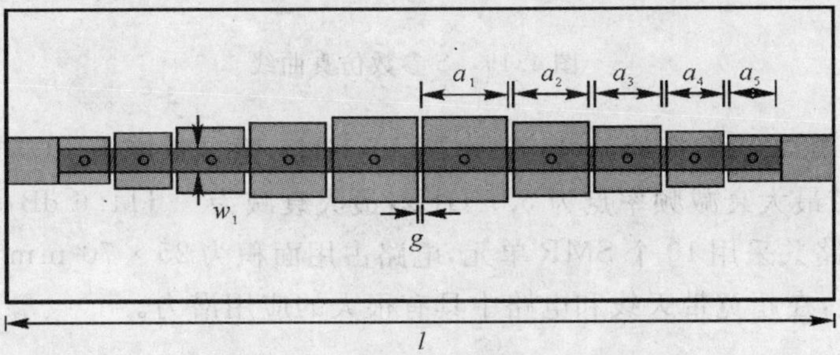

图 4.17　微带 GMR EBG 滤波器

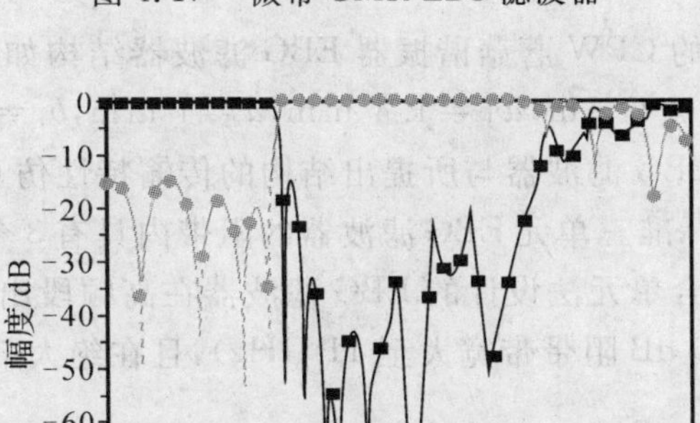

图 4.18　S 参数仿真结果

由仿真结果可知，20 dB 阻带从 5.23 ～ 11 GHz，阻带宽度为 5.77 GHz，相对带宽为 71.1%，阻带最大衰减频率点为 6.9 GHz，最大衰减为 − 78.7 dB，选择特性 ξ 高达

130.8 dB/GHz。整个电路共采用 10 个 GMR 单元,电路占用面积为 $25\times70\ mm^2$。由此看出,该结构具有尺寸小、阻带宽和边带陡峭等优点。该结构的性能远远优于基片打孔和地面蚀刻 EBG 滤波器,因此更适合用于常规微波器件及现代无线通信系统中。

4.4.2　微带 SMR EBG 滤波器

采用组合具有不同谐振频率的微带 SMR 单元构造的 EBG 滤波器,其具体结构和参数尺寸均与图 4.17 中的微带 GMR EBG 滤波器相同。仿真计算结果如图 4.19 所示。

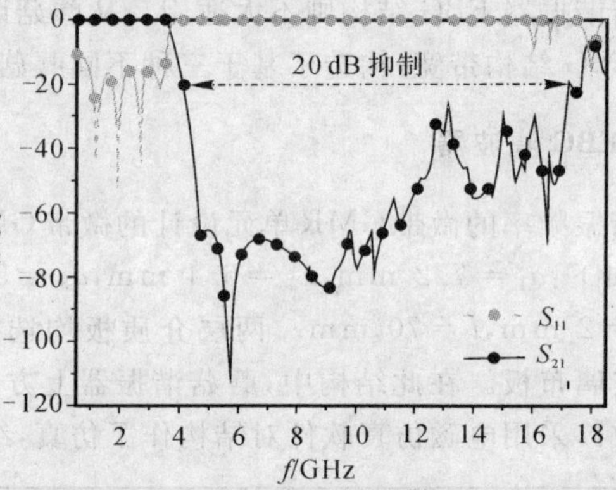

图 4.19　S 参数仿真曲线

由仿真结果可知,20 dB 阻带从 4.09 ~ 17.65 GHz,阻带宽度为 13.56 GHz,相对带宽达到了 124.7%,阻带最大衰减频率点为 5.7 GHz,最大衰减为 −111.6 dB,选择特性 ξ 为 39.5 dB/GHz。整个电路共采用 10 个 SMR 单元,电路占用面积为 $25\times70\ mm^2$。该结构具有尺寸小和阻带宽等优点,在超宽带天线和电路中具有很大的应用潜力。

4.4.3　CPW 蘑菇谐振器 EBG 滤波器

采用组合单元法构造的 CPW 蘑菇谐振器 EBG 滤波器结构如图 4.20 所示。结构参数选择如下:$w=3.6$ mm,$g=0.4$ mm,$w_1=1.4$ mm,$a=4$ mm,$b_1=8$ mm,$b_2=6.4$ mm,$g_1=0.5$ mm。将标准三单元 EBG 滤波器与所提出结构的传输特性仿真结果作对比,如图 4.21 所示。从图 4.21 可以看出,标准三单元 EBG 滤波器的阻带内具有 3 个谐振模式,10 dB 阻带宽度仅为 3.71 GHz,而采用组合单元法设计的 EBG 滤波器在高频段出现了多个额外的谐振模式,因此阻带宽度大幅增加(10 dB 阻带带宽大至 11 GHz),且在绝大部分阻带范围内抑制度都在 20 dB 以上。

组合单元 EBG 滤波器实物模型如图 4.22 所示。采用矢量网络分析仪对滤波器进行测量,如图 4.23 所示为 S 参数测试结果与仿真结果的比较。测试结果显示,滤波器在 5.09 GHz,6.43 GHz,12.29 GHz 和 13.30 GHz 处存在谐振,并因此产生了超过 10 GHz 的阻带带宽,且阻带抑制度优于 15 dB,选择特性为 29.8 dB/GHz,而电路有

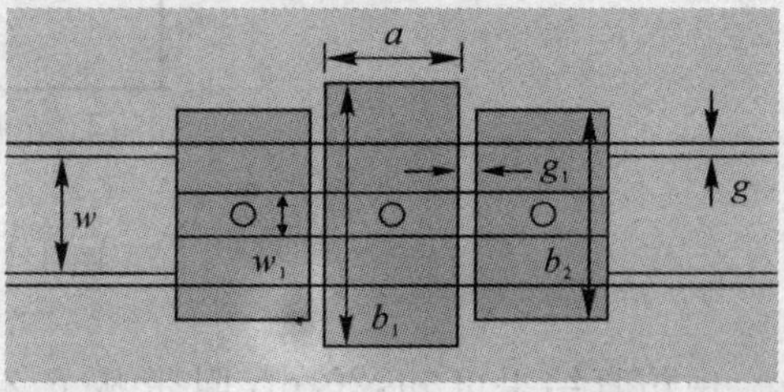

图 4.20　CPW MR EBG 滤波器

效占用面积仅为 $8\times13\ \mathrm{mm}^2$。这种 EBG 滤波器具有宽阻带、小型化和便于加工等优点，因此非常适合应用于单层常规平面电路中。

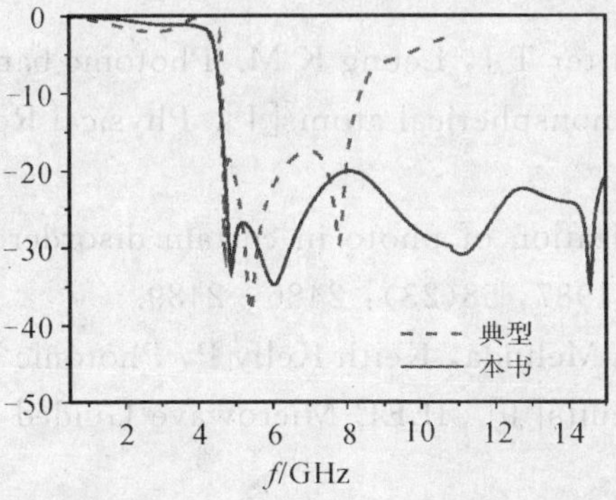

图 4.21　EBG 滤波器仿真结果

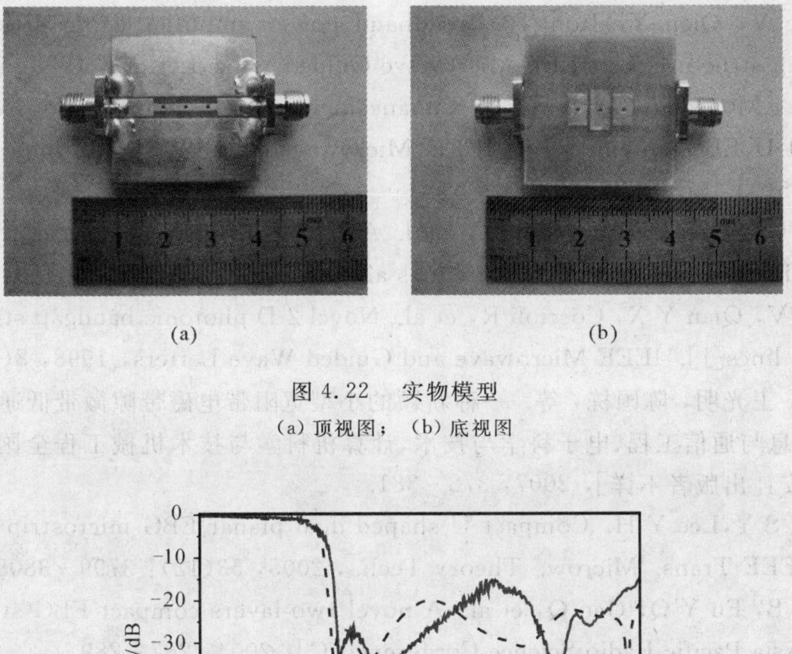

(a)　　(b)

图 4.22　实物模型

(a) 顶视图；(b) 底视图

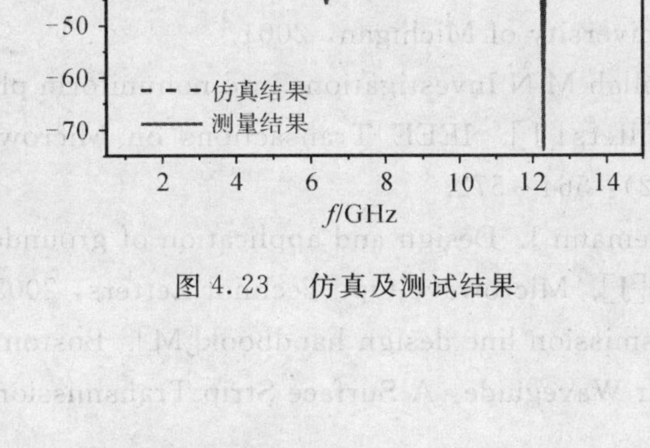

图 4.23　仿真及测试结果

参考文献

[1] Yablonovitch E, Gmitter T J, Leung K M. Photonic band structure: the face-centered cubic case employing nonspherical atoms[J]. Physical Review Letters, 1991, 67: 2295 - 2298.

[2] John S. Strong localization of photo in certain disordered dielectric superlattices[J]. Phys. Rev. Letters, 1987, 58(23): 2486 - 2489.

[3] Rumsey I, Piket-May Melinda, Keith Kelly P, Photonic band-gap structure used as filters in microstrip circuits[J]. IEEE Microwave Guided Wave Letters, 1998, 8(10): 336 - 339.

[4] Hill M J, Ziolkowski R W, Papapolymerou J. A high-Q reconfigurable planar EBG cavity resonator[J]. IEEE Microwave and Wireless Components Letters, 2001, 6: 255 - 257.

[5] Radisic V, Qian Y, Itoh T. Broadband power amplifier using dielectric photonic bandgap structure[J]. IEEE Microwave Guided Wave Letters, 1998, 8(1): 13 - 14.

[6] Leger L, Monediere T, Jecko B. Enhancement of gain and radiation bandwidth for a planar 1-D EBG antenna[J]. IEEE Microwave and Wireless Components Letters, 2005, 15(9): 573 - 575.

[7] Cheype C, Serier C, Thèvenot M, et al. An electromagnetic band-gap resonator antenna[J]. IEEE Transactions on Antennas and Propagation, 2002, 50(9): 1285 - 1290.

[8] Radisic V, Qian Y X, Coccioli R, et al. Novel 2-D photonic bandgap structure for microstrip lines[J]. IEEE Microwave and Guided Wave Letters, 1998, 8(2): 69 - 71.

[9] 陈文灵，王光明，陈国栋，等. 一种新颖的小型宽阻带电磁带隙微带低通滤波器[C]//. 2007 信息与通信工程、电子科学与技术、计算机科学与技术机械工程全国博士生学术论坛. 西安:[出版者不详], 2007: 378 - 381.

[10] Huang S Y, Lee Y H. Compact U-shaped dual planar EBG microstrip low-pass filter [J]. IEEE Trans. Microw. Theory Tech., 2005, 53(12): 3799 - 3805.

[11] Yan D B, Fu Y Q, Gao Q, et al. A novel two-layers compact EBG structure[C]//, 2004 Asia Pacific Radio Science Conference[C], 2004, 287 - 289.

[12] Shumpert J D. Modeling of periodic dielectric structures (electromagnetic crystals) [D]. Michigan: University of Michigan, 2001.

[13] Karmakar N C, Mollah M N Investigations into nonuniform photonic-bandgap microstripline low-pass filters[J]. IEEE Transactions on Microwave Theory and Techniques, 2003, 51(2): 564 - 572.

[14] Rambabu K, Bornemann J. Design and application of grounded pin-pad resonators in LTCC components[J]. Microwave Opt Technol Letters, 2005, 47(4): 321 - 323.

[15] Wadell B C. Transmission line design handbook[M]. Boston: Artech House, 1991.

[16] Wen C P. Coplanar Waveguide: A Surface Strip Transmission Line Suitable for Non-

reciprocal Gyromagnetic Device Applications[J]. IEEE Trans. Microwave Theory Tech., 1969, 17(12): 1087 - 1090.

[17] Fu S H, Tong C M, Li X M. Characteristics of a CPW mushroom-like resonator and its application to wideband EBG filter[C]//2010 International Symposium on Signal, Systems and Electronics. Nanjing, 2010, 1: 35 - 38.

[18] 闫敦豹，高强，付云起，等. 加窗技术在微带 EBG 结构中的应用[J]. 微波学报，2004，20(4)：60 - 63.

[19] Liu H W, Sun X W, Li Z F. A low-pass filer of wide stopband with a novel multilayer fractal photonic bandgap structure[J]. Microwave Opt Technol Letters, 2004, 40 (5): 431 - 432.

[20] 付云起. 微波光子晶体及其应用研究[D]. 长沙：国防科学技术大学，2004.

第 5 章　特殊地面缺陷结构及其在低通滤波器中的应用

5.1 引　言

低通滤波器作为现代通信和测量系统的关键器件之一，在抑制谐波和寄生信号等方面具有重要作用，因此高性能低通滤波器的设计成为了一个重要的研究方向。对于高性能低通滤波器来说，它需要具有以下两方面的特性：①低通带损耗和陡峭边带；②宽阻带以及阻带内的高抑制度。此外，为了能够更好地满足工程实际应用，它还应该具有小尺寸和低成本等优点。

早期采用高低阻抗线结构构成低通滤波器[1]，这种结构阻带窄、边带选择特性差，不利于实际应用。地面缺陷结构(Defected Ground Structure，DGS)的单极点低通特性即禁带特性最直接的应用就是滤波器设计。自从提出 DGS 以来，各种形式的 DGS 相继被提出，利用 DGS 设计低通滤波器的方法得到不断发展。研究人员相继提出了几种 DGS 低通滤波器[2-3]，虽然这些结构能够实现较宽的阻带，但其选择特性都在 20 dB/GHz 以下，边带陡峭度不如人意。

到目前为止，设计陡峭边带 DGS 低通滤波器的方法大致有三类：①增加地板上蚀刻单元的个数[4]；②加载齿线[5]；③采用特殊的腐蚀单元[6]。参考文献[4]采用增加单元数目的方法(17 个 DGS 单元)获得了陡峭边带，但这无疑会增大电路尺寸，不利于电路的小型化。参考文献[5]提出了一种在微带线上加载齿线的 DGS 低通滤波器，其选择特性在 73 dB/GHz 以上，但齿线的引入使微带线电流不连续性增强，导致通带损耗增大，而不利于实际应用。参考文献[6]提出了一种特殊的地面蚀刻单元——非对称 DGS 单元。它具有陡峭的带隙和平坦的低通特性，因此适合用作低通滤波器的基本单元。研究表明，通过采用特殊的蚀刻单元可以有效地提高边带陡峭度。与前两种方法相比，这种方法简单直接，电路占用面积也较小。但同时它也存在一些缺点，如非对称 DGS 单元的通带反射损耗较高，高端阻带抑制度不够。

自从提出 DGS 以来，研究人员就在寻求一些具有宽阻带的 DGS 低通滤波器结构。其中，比较经典的方法是增加单元个数，通过串联、级联或并联不同谐振频率的 DGS 单元[4]，但由于一般 DGS 单元的阻带宽度很窄(相对带宽在 20%以下)，因此要获得宽阻带就必须串联或级联多个不同谐振频率的 DGS 单元，这样势必会增加整个电路的尺寸，不利于电路的小型化。参考文献[7]提出了一种结合弯曲顶部微带线和双面电磁带隙渐变技术的小型化宽阻带 DGS 低通滤波器，该结构采用了 3 个地面蚀刻单元。这种滤波器采用周期性蚀刻地面的电磁带隙结构作为基本结构，蚀刻单元周期受 Bragg 散射条件的严格限制，弯折只能在一定程度上减小尺寸，因此电路的小型化仍待进一步解决。参考文献[8]提出了一种双层微带线结构的宽阻带 DGS 低通滤波器，这无疑增大了结构的复杂性和加工难度，而且不利于普通单层微带电路的集成。参考文献[9]提出了一种基于 DGS 和改进型微带线的宽阻带低通滤波器，该结构只包含一个哑铃型 DGS 单元，20 dB 阻带带宽达到 8 GHz 以上。在此结构中，哑铃型 DGS 提供基频谐振模式，而 DGS 与改进型微带线的相互作用产生了几个高频谐振模式。因此，这种滤波器具有阻带宽和尺寸小的优点，但其边带特性较差。

由于特殊 DGS 具有良好的带隙和平坦的低通特性，因此非常适合作为低通滤波器的基本单元。特殊 DGS 的提出，为高性能小型化低通滤波器的设计提供了新的思路。本章主要介绍两种特殊 DGS 单元及其在高性能低通滤波器中的应用。

5.2　特殊地面缺陷结构

5.2.1　非对称 DGS 单元

在传统 DGS 单元中，连接缝隙两端的蚀刻图案通常是一致的，如哑铃形、箭头形等[10-11]。2007 年，印度研究者提出了一种新颖的非对称 DGS 单元[6]，其连接缝隙两端分别为一个连通矩形图案和两个方形图案。研究表明，这种结构具有陡峭的边带和良好的低通特性。

(1)单元结构及其传输特性。DGS 是在微带、共面波导等传输线的金属接地板上蚀刻周期或非周期的各种栅格结构，以改变传输线的等效电感和等效电容，使此类传输线具有带阻和慢波特性。第一个 DGS 单元是由韩国学者 Park 等人提出的哑铃型 DGS，如图 5.1 所示。该缺陷单元由两个长宽分别为 a 和 b 的矩形方格和一个长宽分别为 c 和 g 的缝隙组成，两个矩形格子通过缝隙连接。由于 DGS 传输线结构表现出优异的传输特性，因此它在微波领域得到广泛应用，成为近年来国内外学术界研究的热点。

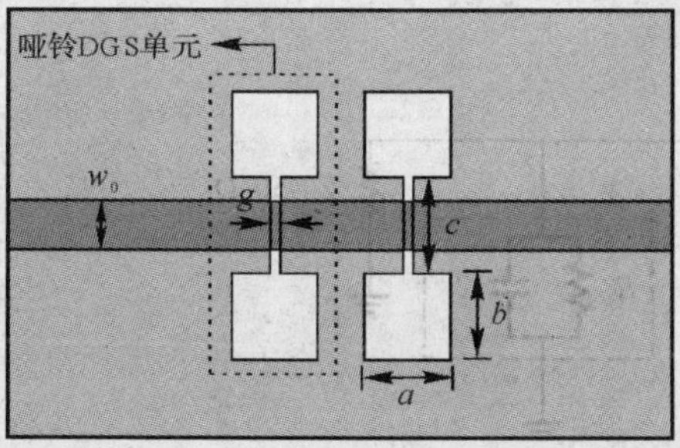

图 5.1　哑铃型 DGS

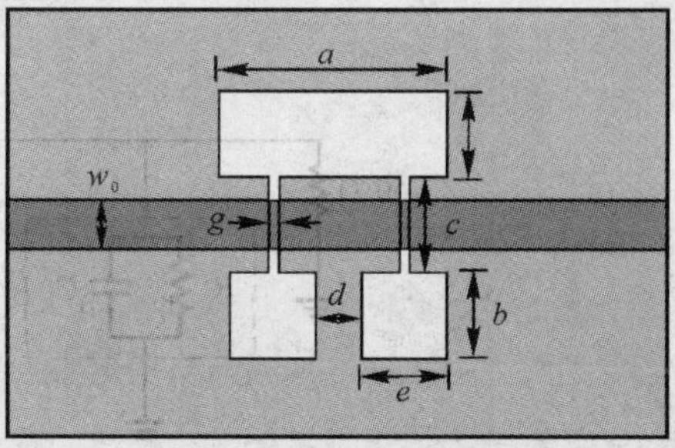

图 5.2　非对称 DGS

为最大化开发和利用 DGS 的独特性能，各种新型 DGS 单元层出不穷。最近，印度的研究人员提出了一种特殊的 DGS 结构——非对称 DGS(Asymmetric Defected Ground Structure，ADGS)，如图 5.2 所示。与哑铃型 DGS 单元不同，该缺陷单元由一个大矩形方格、两个小矩形方格以及两条狭缝组成，两条狭缝分别将两个小矩形方格与大矩形方格连接。对比图 5.1 和图 5.2 可以看出，将两个哑铃型 DGS 单元一侧的两个矩形方格连通，即可得到非对称 DGS 单元。

微带介质基板选择聚四氟乙烯玻璃布板（介电常数 $\varepsilon_r = 2.65$，介质基板厚度 $h = 0.8$ mm)，对应 50 Ω 微带导带宽度为 $w_0 = 2.2$ mm。非对称 DGS 单元尺寸参数选择如下：$a = 10$ mm，$b = 4$ mm，$c = 4.5$ mm，$d = 2$ mm，$e = 4$ mm，$g = 0.4$ mm。采用电磁仿真软件对非对称 DGS 单元电路进行了仿真，结果如图 5.3 所示。

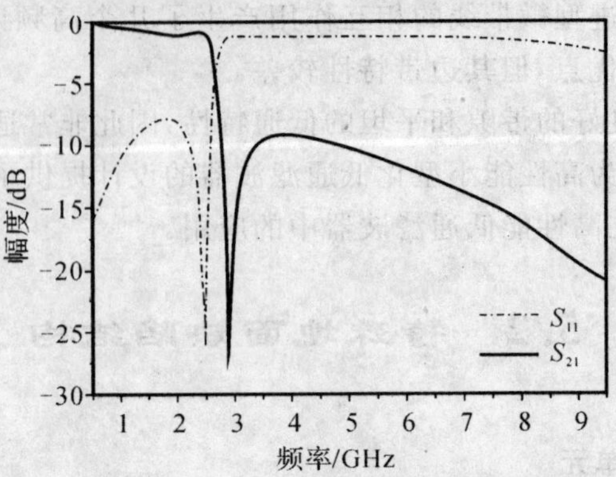

图 5.3 非对称 DGS 单元的传输特性

从图 5.3 可以看出，由于引入了一个椭圆函数传输零点，因而非对称 DGS 单元具有陡峭的带隙特性。此外，该结构还具有平坦的低通特性，非常适合用作低通滤波器的基本单元或用作谐波抑制。

如图 5.4 所示为非对称 DGS 单元的经典等效电路模型。其中，$L_r C_r$ 表征非对称 DGS 通过电耦合后的谐振回路，电阻 R_r 表征微带线的辐射损耗，C_p 和 R_p 表征衬底介质的传输损耗和微带线的不连续性。等效电路由串联阻抗 Y_a 和并联阻抗 Y_b 组成，两端连接阻抗为 50 Ω 的传输线。

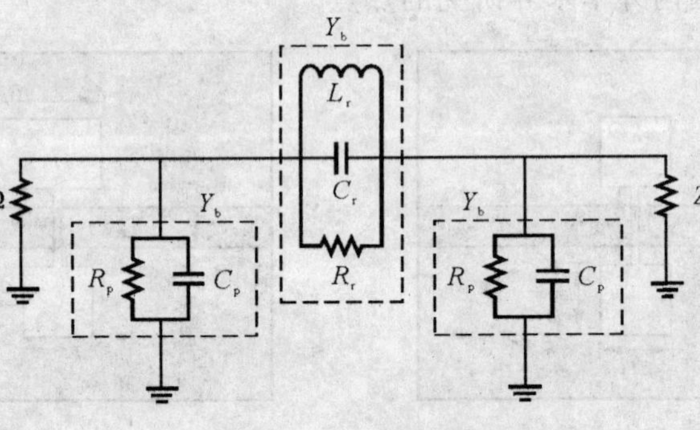

图 5.4 经典等效电路模型

通过 $\boldsymbol{S}$ 矩阵参数与 $ABCD$ 矩阵参数的变换关系，可得

$$A=\frac{(1+S_{11})(1-S_{22})+S_{12}S_{21}}{2S_{21}}=1+\frac{Y_b}{Y_a}=D \tag{5.1}$$

$$B=\frac{(1+S_{11})(1+S_{22})-S_{12}S_{21}}{2S_{21}}=\frac{1}{Y_a} \tag{5.2}$$

$$C=\frac{(1-S_{11})(1-S_{22})-S_{12}S_{21}}{2Z_0 S_{21}}=2Y_b+\frac{Y_b^2}{Y_a} \tag{5.3}$$

等效参数之间存在以下关系：

$$Y_a=\frac{1}{R_r}+jB_r=\frac{1}{R_r}+j\left(\omega C_r-\frac{1}{\omega L_r}\right)=\frac{1}{B} \tag{5.4}$$

$$Y_b = \frac{1}{R_p} + jB_p = \frac{1}{R_p} + j\omega C_p = \frac{A-1}{B} \tag{5.5}$$

非对称 DGS 的等效电路参数抽取公式如下：

$$C_r = \frac{B_r}{\omega_0\left(\frac{\omega_c}{\omega_0} - \frac{\omega_0}{\omega_c}\right)} \tag{5.6}$$

$$L_r = \frac{1}{\omega_0^2 C_r} \tag{5.7}$$

$$C_p = \frac{B_p}{\omega_c} \tag{5.8}$$

式中，$\omega_0 = 2\pi f_0$ 为衰减极点角频率，$\omega_c = 2\pi f_c$ 为截止角频率。

如果不考虑损耗，在经典等效模型中去除 R_r 和 R_p，就得到了非对称 DGS 的无耗等效电路模型，参考文献[6]即采用此模型模拟非对称 DGS。除此之外，非对称 DGS 还可以采用类似微带接地面 CSRR 的等效电路来表征，如图 5.5 所示。其中，L_2 表示与非对称 DGS 发生作用的微带线电感，C_2 表示线电容，L_1C_1 表示非对称 DGS 通过电耦合后的谐振回路。谐振频率可以表示为

$$f_0 = \frac{1}{2\pi\sqrt{L_1(C_1+C_2)}} \tag{5.9}$$

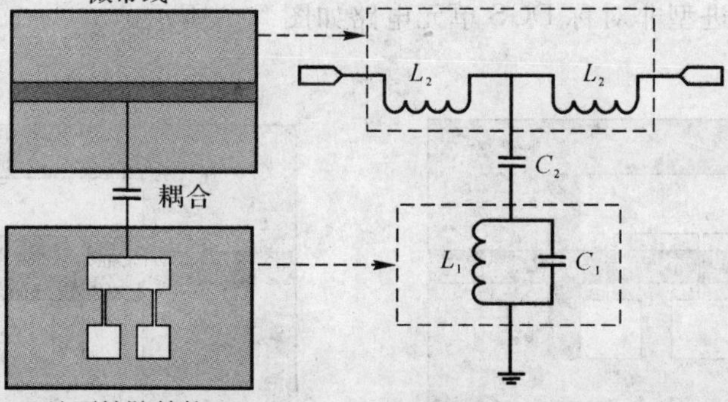

图 5.5　本书采用的非对称 DGS 等效电路

(2) 结构参数对单元谐振特性的影响。在等效电路中，蚀刻在接地面上的非对称 DGS 采用 L_1C_1 谐振电路来表征。非对称 DGS 单元由哑铃型 DGS 演变而来，因此哑铃型 DGS 的结构特性对于非对称 DGS 同样适用。由此可以得出以下结论：在非对称 DGS 中，矩形方格的作用可以用电感 L_1 等效，缝隙的作用可用电容 C_1 等效。由式(5.9)可知，非对称 DGS 单元的谐振频率受矩形方格和缝隙两部分影响。具体表现如下：① 当缝隙宽度不变时，矩形方格面积增大，则等效电感 L_1 增加，谐振频率降低；② 当矩形面积不变时，缝隙宽度增大，则等效电容 C_1 减小，谐振频率升高。

为验证结论的有效性，对不同尺寸的非对称 DGS 单元进行了仿真分析。当非对称 DGS 单元的其他参数不变，谐振频率随矩形方格尺寸参数 b 变化的关系曲线如图 5.6(a) 所示；谐振频率随矩形缝隙宽度参数 g 变化的关系曲线如图 5.6(b) 所示。

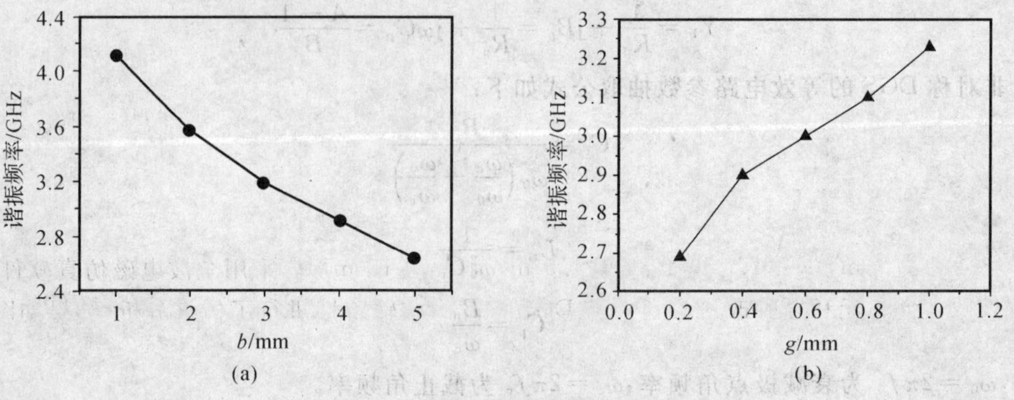

图 5.6　结构参数对谐振频率的影响

(a) 方格尺寸 b；(b) 缝隙宽度 g

由图 5.6 中可以看出，非对称 DGS 单元的谐振频率随矩形方格尺寸的增大而减小；随缝隙宽度的增大而升高。因此，由等效电路分析得出的结论是正确有效的。

(3) 改进单元结构及其等效电路。非对称 DGS 具有陡峭的带隙特性和平坦的低通特性，非常适合作低通滤波器的基本单元或用作谐波抑制。但其缺点是阻带抑制度不够，通带损耗大，因此需要对单元结构进行改进，以更好地满足实际工程应用。为此，需要对非对称单元进行改进设计。三种改进型非对称 DGS 单元电路如图 5.7 所示。

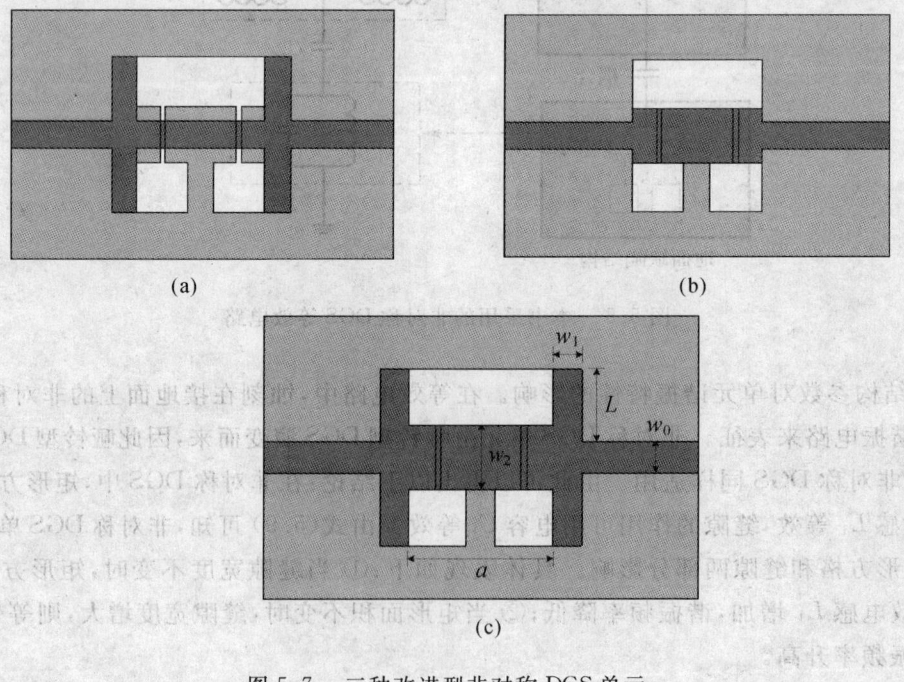

图 5.7　三种改进型非对称 DGS 单元

(a) 改进 Ⅰ 型；(b) 改进 Ⅱ 型；(c) 改进 Ⅲ 型

在非对称 DGS 上方的导带两侧对称地加载两个开路枝节，得到改进 Ⅰ 型非对称 DGS 单元（又称分支线型非对称 DGS 单元）；在非对称 DGS 上方加载补偿线，得到改进 Ⅱ 型非对称 DGS 单元（又称补偿型非对称 DGS 单元）；将改进Ⅰ型和改进 Ⅱ 型结合，就得到了改进 Ⅲ 型非对称 DGS 单元。

微带介质基板选择聚四氟乙烯玻璃布板（介电常数为 2.65，介质基板厚度为 0.8 mm）。蚀刻图案、补偿线和开路枝节的具体尺寸选择如下：$a=10$ mm，$b=4$ mm，$c=4.5$ mm，$d=2$ mm，$g=0.4$ mm，$w_1=1.5$ mm，$w_2=4.5$ mm，$L=5.15$ mm。采用全波电磁仿真软件对经典非对称 DGS 单元和三种改进型非对称 DGS 单元的传输特性进行了仿真分析，结果如图 5.8 所示。各项传输特性参数的比较结果如表 5.1 所示。

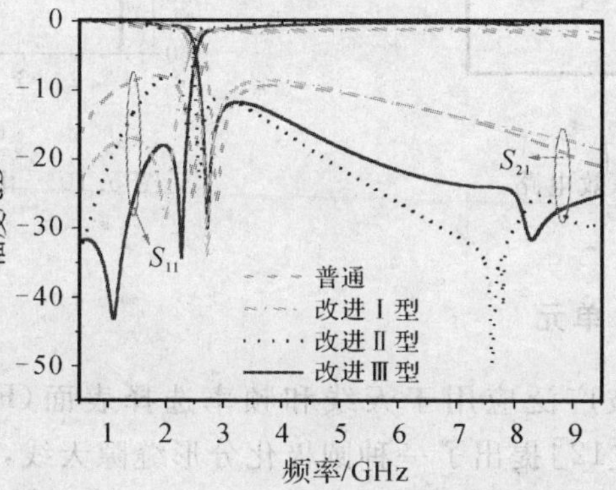

图 5.8　三种非对称 DGS 单元的传输特性

表 5.1　单元传输特性比较

单元类型	谐振频率 GHz	通带反射损耗最大旁瓣 dB	阻带最大深度 dB
原始结构	2.90	−7.90	−20.9
改进 Ⅰ 型	2.72	−17.0	−18.6
改进 Ⅱ 型	2.57	−7.72	−51.2
改进 Ⅲ 型	2.72	−18.0	−31.6

由表5.1可知，与原始结构相比，在非对称DGS单元两侧加载开路枝节，增大了并联电容，从而改善了其阻带特性（具体表现为阻带抑制度大大提高，阻带最大衰减优于 50 dB），但其较大的通带反射损耗并没有得到有效改善；加载补偿线后，单元的通带反射损耗大大降低（由 −7.90 dB 降至 −17.0 dB），谐振频率也略有下降（由 2.90 GHz 降至 2.72 GHz），而阻带抑制度基本保持不变，阻带抑制度仍显不足；而采用同时加载开路枝节和补偿线，既提高了阻带抑制度又减小了通带反射损耗。综合考虑，改进 Ⅲ 型非对称DGS单元更适合于高性能低通滤波器的设计。为叙述方便，以下所述的改进型非对称 DGS 即指改进 Ⅲ 型非对称 DGS 单元。

如图 5.9 所示为改进型非对称DGS单元的等效电路。其中，C_{p1} 表示加载开路枝节带来的并联电容。将采用 HFSS计算得到的 S 参数导入电路仿真软件 Microwave Office(MWO)，与对应的等效电路进行曲线拟合，得出相应的电路元件参数值为 $L_1=3.315$ nH，$C_1=$

0.227 9 pF, L_2 = 3.330 nH, C_2 = 0.803 7 pF, C_{p1} = 1.133 pF。

将MWO仿真结果与全波电磁仿真结果进行比较，如图5.10所示。从图上可以看出，由等效电路模型计算得到的 S 参数和电磁仿真得到的 S 参数趋势一致，拟合良好。

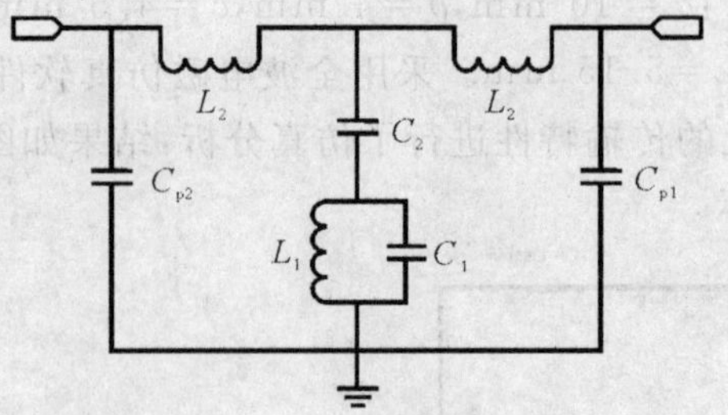

图5.9 单元等效电路

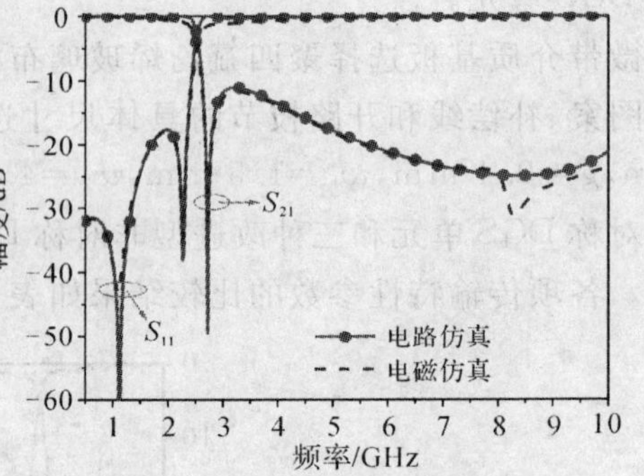

图5.10 电路与电磁仿真结果

5.2.2 H型分形DGS单元

近年来，分形几何已被广泛应用于天线和频率选择表面(Frequency Selective Surface, FSS)的设计中。参考文献[12]提出了一种圆极化分形缝隙天线，其具有小尺寸和宽频带等优点。参考文献[13]提出了一些新的具有双极化和多频带特性的分形FSS。分形结构通常是按照确定的比例因子对初始单元进行自相似迭代生成的，初始单元决定了分形图形的框架，迭代单元规定了分形图形的结构。H型分形结构的具体构造[14,15]如图5.11所示。

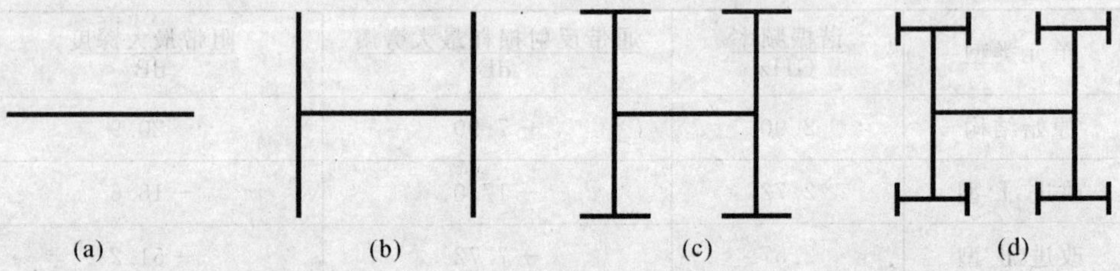

图5.11 H型分形结构

(a)H1； (b)H2； (c)H3； (d)H4

第1级为一简单的直线段(H1)，第 $n+1$ 级以第 n 级的端点为中点并与第 n 级垂直。将第4级H型分形结构(H4)蚀刻在微带线的接地面上，即得到H型分形DGS单元，如图5.12(a)所示。其等效电路如图5.12(b)所示。

采用电磁仿真软件对单元结构进行了仿真分析，介质基板选择环氧玻璃布板(ε_r = 4.3, h = 1 mm)，由此得出50 Ω微带线宽度为1.95 mm。H型分形DGS的参数分别为：a = 3 mm, b = 3 mm, c = 6 mm, d = 5 mm, e = 1 mm, g = 1 mm。将MWO仿真结果与电磁仿真结果进行比较，如图5.13所示。从图上可以看出，由等效电路模型得到的 S 参数和HFSS仿真得到的 S 参数趋势一致，拟合良好。等效电路模型中的各参数值如下：C_1 = 0.539 4 pF, L_1 = 0.740 5 nH, C_2 = 0.910 6 pF, L_2 = 0.834 6 nH。与传统哑铃型DGS单元的传输特性比较，由于引入了一个额外的椭圆函数传输零点，H 型分形 DGS 单元具有更好的选择特性，适合用作低通滤波器的基本单元。

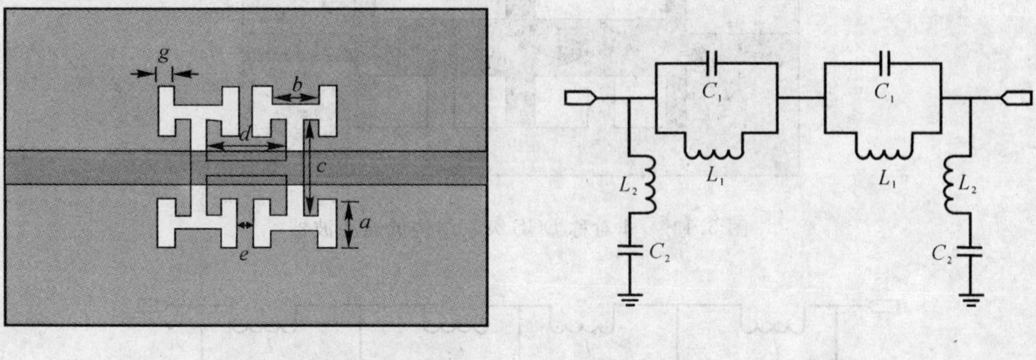

(a)　　　　　　　　　　　　　　(b)

图 5.12　H 型分形 DGS 单元及其等效电路

(a) H 型分形 DGS 单元；(b) 等效电路

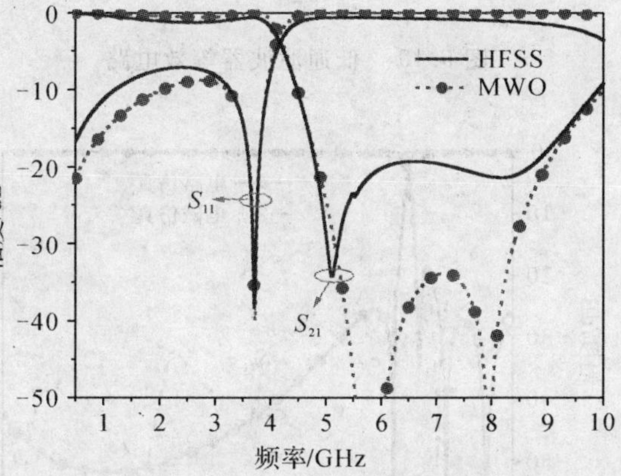

图 5.13　S 参数仿真结果

5.3　特殊地面缺陷结构在低通滤波器中的应用

5.3.1　改进型非对称 DGS 低通滤波器

采用改进型非对称 DGS 级联结构设计的低通滤波器结构如图 5.14 所示，其等效电路如图 5.15 所示。通过优化并联枝节的长度和单元间距，可以得到优良的低通滤波特性。微带基板选择聚四氟乙烯玻璃布板（$\varepsilon_r = 2.65$，$h = 0.8$ mm），非对称 DGS 单元尺寸同上一节，其他尺寸参数选择如下：$L = 5.15$ mm，$w_1 = 1.5$ mm，$w_2 = 4.5$ mm，$w_3 = 2.4$ mm，$p = 12.4$ mm。S 参数曲线拟合得出相应的电路元件参数值为 $L_1 = 3.315$ nH，$C_1 = 0.2279$ pF，$L_2 = 3.330$ nH，$C_2 = 0.8037$ pF，$C_{p1} = 1.133$ pF，$C_{p2} = 2.156$ pF。全波电磁仿真与电路仿真得出的传输特性如图 5.16 所示。

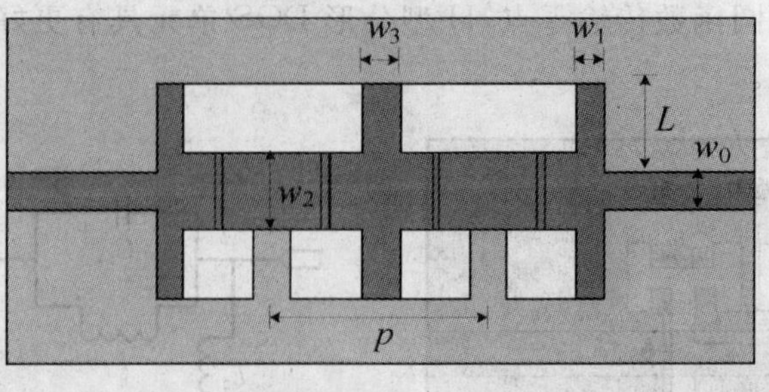

图 5.14　非对称 DGS 级联结构低通滤波器

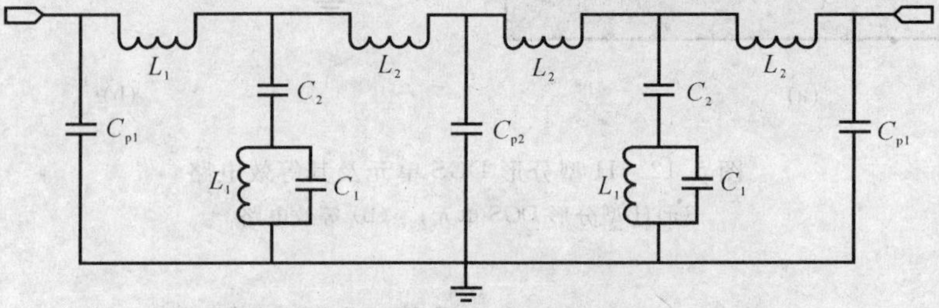

图 5.15　低通滤波器等效电路

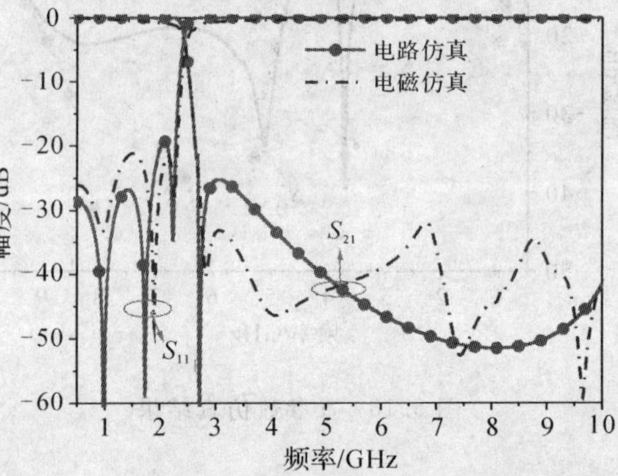

图 5.16　低通滤波器传输特性仿真结果

依照设计参数加工了低通滤波器实物模型，实物照片如图 5.17 所示。使用矢量网络分析仪对实物进行了测量，测试与仿真结果如图 5.18 所示。从图中可知，仿真与实物测试结果吻合较好，由此证明所提出的等效电路是正确和有效的。

实测结果表明，滤波器截止频率为 2.52 GHz，选择特性为 94.4 dB/GHz，通带反射损耗优于 18.6 dB，带内插入损耗小于 0.6 dB(包含 SMA 接头损耗)，且在 2.98 ～ 10 GHz 的宽阻带范围内抑制度优于 30 dB。采用改进型非对称 DGS 级联结构设计的低带通滤波器具有结构紧凑、通带损耗小、边带陡峭和带外抑制度高等优点。

(a)　　　　　　　　　　　　　　(b)

图 5.17　实物模型

(a) 顶视图；(b) 底视图

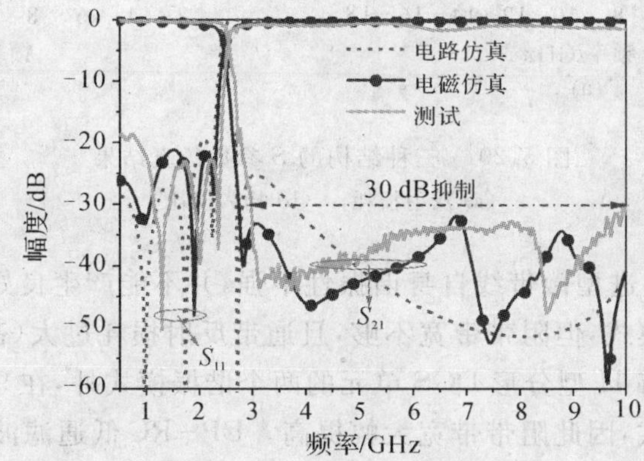

图 5.18　测试与仿真结果

5.3.2　H 型分形 DGS 低通滤波器

兼顾微带线导带和接地面的开发，可以大幅提高滤波器的性能，同时减小电路的占用面积[16-18]。根据这一思想，将 H 型分形 DGS 单元与改进型微带线(Revised Microstripline，RM)结合，得到一种紧凑的双平面谐振元(Dual-Plane Resonant Cell，DP-RC) 低通滤波器结构，如图 5.19 所示。

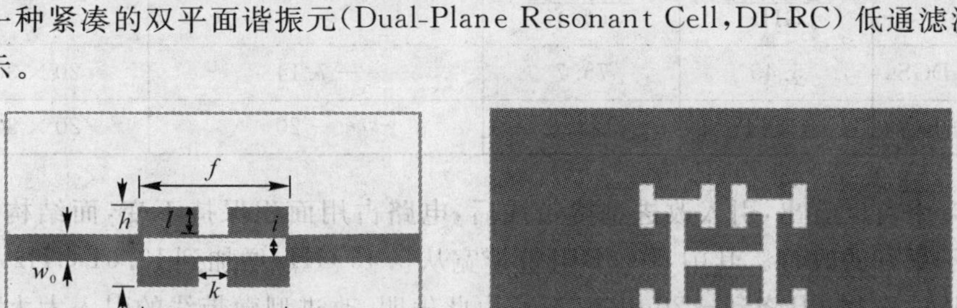

(a)　　　　　　　　　　　　　　(b)

图 5.19　DP－RC 低通滤波器结构

(a) 改进型微带线；(b) H 型分形 DGS

介质基板选择环氧玻璃布板($\varepsilon_r=4.3, h=1$ mm)，H型分形DGS的参数选择不变。改进型微带线尺寸如下：$f=11$ mm，$h=6$ mm，$i=1.5$ mm，$j=10.4$ mm，$k=2$ mm，$m=2$ mm，$w_0=1.95$ mm。对DP-RC低通滤波器结构的传输特性进行了分析，并与H型分形DGS单元及改进型微带线结构作了比较，三种结构的S参数仿真结果如图5.20所示。

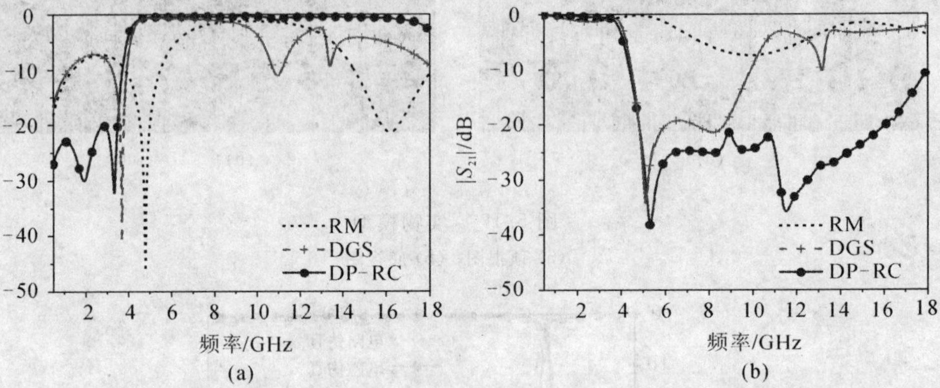

图5.20 三种结构的S参数仿真结果

(a) 反射损耗； (b) 插入损耗

由图5.20中可知，改进型微带线自身谐振性不强，并不能产生良好的阻带；H型分形DGS单元能够产生两个谐振模式，但阻带带宽不够，且通带反射损耗过大(高于-10 dB)；DP-RC低通滤波器结构除了具有H型分形DGS单元的两个谐振模式外，在9～15 GHz之间还额外产生了多个高次谐振模式，因此阻带带宽大幅提高。DP-RC低通滤波器结构的10 dB阻带绝对带宽高达13.61 GHz，相对带宽为121.6%，通带反射损耗的最大旁瓣优于20 dB。将H型分形DGS单元与DP-RC低通滤波器结构的几种性能参数进行逐一对比，结果如表5.2所示。

表5.2 H型分形DGS单元与DP-RC低通滤波器结构性能对比

结构类型	10 dB阻带 绝对带宽 GHz	10 dB阻带 相对带宽 (%)	通带反射损耗最大旁瓣 dB	电路面积 mm^2
分形DGS	5.45	75.7	-7.14	20×30
DP-RC	13.61	121.6	<-20	20×30

由表5.2中可以看出，引入改进型微带线后，电路占用面积保持不变，而结构的各项性能参数均得到了很好的改善。其中，10 dB阻带带宽从5.45 GHz增加到13.61 GHz，通带反射损耗最大旁瓣从-7.14 dB降到-20 dB以下。由此表明，改进型微带线的引入大大提高了H型分形DGS的阻带带宽，同时大幅改善了H型分形DGS的通带反射损耗。由此可以看出，改进型微带线在提升DGS结构性能方面具有十分明显的效果。

DP-RC低通滤波器结构的等效电路如图5.21所示。采用电磁仿真软件对结构进行仿真分析，得到S参数曲线，然后导入MWO与对应的等效电路进行曲线拟合，得出相应的电路元件值如下：$C_1=0.4709$ pF，$C_2=0.2156$ pF，$C_3=0.4553$ pF，$C_4=0.2135$ pF，$C_5=0.9773$

pF, $C_6=0.073\ 28$ pF, $C_7=0.618\ 9$ pF, $L_1=0.935\ 0$ nH, $L_2=4.580$ nH, $L_3=0.654\ 1$ nH, $L_4=2.582$ nH, $L_5=0.284\ 9$ nH, $L_6=1.046$ nH, $L_7=2.631$ nH。等效电路与全波电磁仿真结果对比如图 5.22 所示。

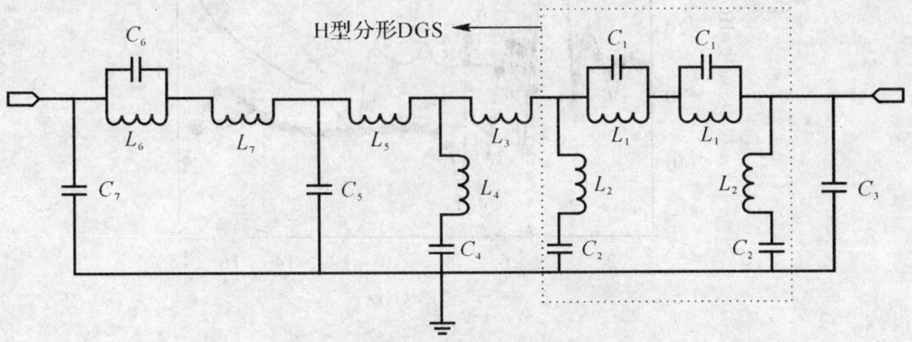

图 5.21　DP-RC 结构的等效电路

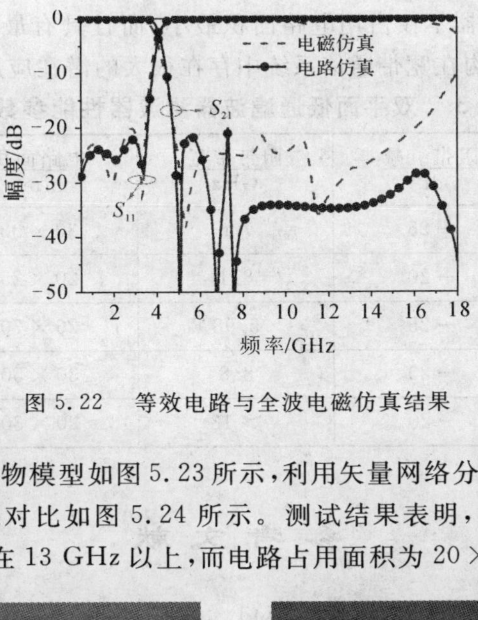

图 5.22　等效电路与全波电磁仿真结果

DP-RC 低通滤波器实物模型如图 5.23 所示，利用矢量网络分析仪对该结构进行了测试，电路、电磁仿真及测试结果对比如图 5.24 所示。测试结果表明，滤波器的截止频率为 3.85 GHz，20 dB 阻带绝对宽带在 13 GHz 以上，而电路占用面积为 20×30 mm^2。

(a)　　(b)

图 5.23　实物模型

(a) 顶视图；(b) 底视图

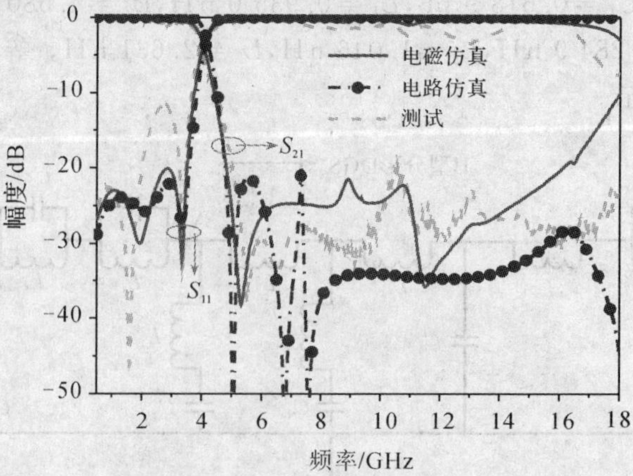

图 5.24　仿真及测试结果

将 DP-RC 低通滤波器结构与已有文献结构的性能参数作对比，结果如表 5.3 所示。由表中可知，DP-RC 低通滤波器不仅占用电路面积最小，而且具有最宽的阻带，因此其性能大大优于已有文献结果。该结构在宽带通信系统中存在很大的潜在应用价值。

表 5.3　双平面低通滤波器滤波器性能参数比较

滤波器类型	阻带衰减/dB	阻带带宽/GHz	电路面积/mm^2	蚀刻单元个数
参考文献[7]	－25	7.6	30×33	3
参考文献[16]	－20	8.1	20×25	2
参考文献[17]	－25	5.98	26×70	6
参考文献[18]	－20	8.8	30×50	5
本　　书	－20	＞13	20×30	1

参考文献

[1]　Pozar D M. Microwave Engineering[M]. New York: John Wiley, 1998.

[2]　Lim J S, Kim C S, Lee Y T, et al. Design of low-pass filters using defected ground structure and compensated microstrip line[J]. Electronics Letters, 2002, 38(22): 1357-1358.

[3]　Lim J S, Kim C S, Ahn D, et al. Design of low-pass filters using defected ground structure[J]. IEEE Transactions on Microwave Theory and Techniques, 2005, 53: 2539-2545.

[4]　Vágner P, Kasal M. Design of novel microstrip low-pass filter using defected ground structure[J]. Microwave Opt Technol Letters, 2008, 50(1): 10-13.

[5]　Dwari S, Sanyal S. Compact sharp cutoff wide stopband low-pass filter using defected ground structure and spurline[J]. Microwave Opt Technol Letters, 2006, 48(9): 1871

- 1873.

[6] Parui S K,Das S. A novel asymmetric defected ground structure for implementation of elliptic filters[C]// IEEE MTT-S International Microwave and Optoelectronics Conference. Brazil, 2007, 946 - 949.

[7] Huang S Y,Lee Y H. Compact U-shaped dual planar EBG microstrip low-pass filter [J]. IEEE Trans. Microw. Theory Tech., 2005, 53(12): 3799 - 3805.

[8] Liu H W, Sun X W,Li Z F. A low-pass filer of wide stopband with a novel multilayer fractal photonic bandgap structure[J]. Microwave Opt Technol Letters, 2004, 40(5): 431 - 432.

[9] Or Y C, Leung K W., Compact wideband DGS lowpass filter with modified microstripline[J]. Microwave Opt Technol Letters, 2008, 50 (4): 974 - 977.

[10] Kim C S, Park J S, Ahn D, et al. A novel 1-D periodic defected ground structure for planar circuits[J]. IEEE Microwave and Guided Wave Letters, 2000, 10(4): 131 - 133.

[11] Abdel-Rahman A B, Verma A K, Boutejdar A ,et al. Control of bandstop response of Hi-Lo microstrip low-pass filter using slot in ground plane[J]. IEEE Transactions on Microwave Theory and Techniques, 2004, 52(3): 1008 - 1013.

[12] Ghali H A,Moselhy T A. Broad-band and circularly polarized space-filling-based slot antennas[J]. IEEETransactions on Microwave Theory and Techniques, 2005, 53(6): 1946 - 1950.

[13] Werner D H,Lee D. Design of dual-polarized multiband frequency selective surface [J]. IEEE Transactions on Antennas and Propagation, 2000, 48(7): 1097 - 1105.

[14] Zhou L, Chan C T, Sheng P. Theoretical studies on the transmission and reflection properties metallic planar fractals[J]. Appl Phys., 2004, 37: 368 - 373.

[15] 李林，赵兴中，陈东，等. 具有多重电磁带隙的 H 型平面分形结构[J]. 武汉大学学报：理学版，2006，52(3)：308 - 310.

[16] Huang S Y,Lee Y H. Tapered dual-plane compact electromagnetic bandgap microstrip filter structure[J]. IEEE Transactions on Microwave and Technology, 2005, 53 (9): 2656 - 2664.

[17] Chen W L, Wang G M, Qi Y N,et al. Size-reduced fractal-shaped dual planar PBG microstrip lowpass filter[C]// 7th International Symposium on Antennas, Propagation and EM Theory Proceedings. China, 2006, 1: 296 - 299.

[18] 陈文灵. 分形几何在微波工程中的应用[D]. 西安：空军工程大学,2008.

第6章 SRR－DBDGS及其在双频带阻滤波器中的应用

6.1 引 言

现代通信技术对双频乃至多频的需求，使得双频和多频滤波器的研究成为了重点。在信号频谱的纯化和谐波抑制中，往往需要双频或多频带阻滤波器。对于某一特定频带信号的频谱纯化，可以采用双频带阻滤波器来保留两阻带之间频段的信号，而滤除该信号两端的杂波和噪声。在谐波抑制方面，一般要求具有多频带阻滤波器来滤除高次谐波信号，而保留基波信号。在工程应用中，谐波抑制主要考虑一次和二次谐波，因此设计双频带阻滤波器可以满足谐波抑制的工程要求。由于EBG，DGS和开口环谐振器(Split Ring Resonator，SRR)等一系列人工电磁结构自身表现出良好的带隙特性，因此基于人工电磁结构的双频带阻滤波器成为了一个重要的研究方向。

到目前为止，采用人工电磁结构实现双频带阻滤波器的方法主要有以下几种：①分形EBG结构[1]。采用分形结构可以获得很好的双频率带隙特性，但这种方法使得结构复杂度随分形阶次呈指数上升，难以精确控制阻带特性。②级联或混联具有不同带隙频率的EBG结构[2]。由于周期必须满足Bragg散射条件，周期级联或混联EBG结构的双频带阻滤波器结构尺寸太大，不利于实际应用。③二维阵列EBG结构[3]。与前两种结构相比，二维阵列(3×3)EBG双阻带结构虽然在尺寸上有所减小，但阻带抑制度不够，且两阻带之间的通带波纹起伏较大。④非对称齿线结构[4]。非对称齿线结构可以大大减小电路尺寸，但由于这种结构需要在导带两侧蚀刻L形(或T形)缝隙，因此这种方法受线宽的限制，不利于推广。⑤SRR加载法。一种方式是SRR阵列加载[5]，采用SRR阵列加载微带EBG结构实现双频带阻滤波器。其在通带两端具有较宽的阻带，但需要较多SRR单元，因此结构尺寸较大。此外，这种结构的等效模型比较复杂，分析存在一定困难。另一种方式是SRR单元加载，采用SRR单元加载DBDGS(Split Ring Resonator Loaded with Dumbbell-Shaped Defected Ground Structure，SRR-DBDGS)[6]，只需一个单元即可实现明显的双带隙特性，因此其被称为SRR－DBDGS双频带阻滤波器。与其他结构相比，这种结构具有尺寸小、带隙明显、等效电路模型简单和易于分析等优点。本章主要介绍两种SRR－DBDGS及其在双频带阻滤波器中的应用。

6.2 SRR－DBDGS特性分析

考虑到平面传输线的多样性，CPW结构滤波器的应用越来越广泛。与微带线相比，CPW具有辐射损耗低、构造简便等优点。目前，SRR－DBDGS大都建立在微带上。在已有SRR单元加载结构中，SRR和DBDGS分别位于不同的平面，被称作异面SRR－DBDGS结构。对于异面 SRR - DBDGS 来说，由于其属于双面构造，因此存在 SRR 和 DBDGS 的对准问题。SRR 和 DBDGS 位置的偏离会直接影响 SRR - DBDGS 的双带阻特性，需要寻求新的设计方法加以解决。

6.2.1　共面波导异面 SRR - DBDGS

根据微带异面 SRR - DBDGS 的设计方法[6]，两个 SRR 单元对称地放置在位于介质板上层的微带导带两侧，介质板下层的金属接地面上蚀刻有 DBDGS，且 DBDGS 的两个矩形方格分别与两个 SRR 单元位置相对应，即在 SRR 的轴向上两者重合。在共面波导中，电磁转换主要存在于金属导带和接地板之间的缝隙中，这与微带传输线中的辐射机制有所不同。所以将微带异面 SRR - DBDGS 结构引入共面波导难免会出现一些特有的问题，因此需要对结构进行相应的改进[7]。通过位置关系的相应调整，CPW 异面 SRR - DBDGS 结构如图 6.1 所示。

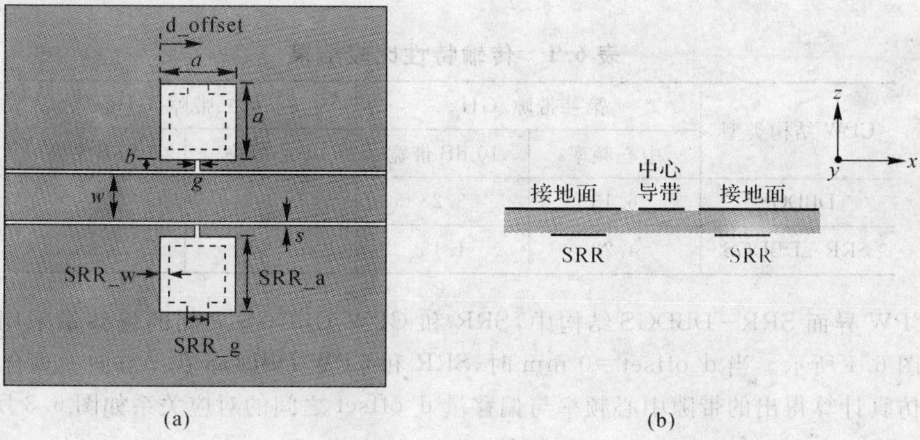

图 6.1　CPW 异面 SRR - DBDGS 双频带阻滤波器

(a)顶视图；(b)侧视图

在共面波导结构中，由于中心导带和接地面均位于介质板上层，CPW DBDGS 被蚀刻在导带两侧的接地板上，而两个 SRR 单元则被放置在介质板底面的对应位置。整个结构被构造在介电常数为 4.3、厚度为 1.5 mm 的印刷电路板 FR4 上。中心导带宽度对应特性阻抗为 50 Ω。CPW 异面 SRR - DBDGS 结构的尺寸选择如下：a=5 mm，b=0.6 mm，g=0.2 mm，SRR_a=5 mm，SRR_w=0.8 mm，SRR_g=1.6 mm。对具有相同尺寸的 CPW DBDGS 和 CPW 异面 SRR - DBDGS 进行了全波仿真，结果如图 6.2 所示。对两种结构的传输特性进行了总结，如表 6.1 所示。

从表中可以看出，CPW DBDGS 在宽频带范围内只具有一个带隙，而 CPW 异面 SRR - DBDGS 结构表现出明显的双带隙特性。CPW DBDGS 的带隙中心频率为 6.13 GHz，10 dB 带隙宽度为 3.23 GHz。CPW 异面 SRR - DBDGS 具有两个带隙，带隙中心频率分别为 4.22 GHz 和 7.66 GHz，对应的 10 dB 带隙宽度分别为 1.15 GHz 和 1.24 GHz。值得注意的是，在 CPW DBDGS 的衰减极点 6.13 GHz 附近，CPW 异面 SRR - DBDGS 结构却表现出奇异的通带特性。

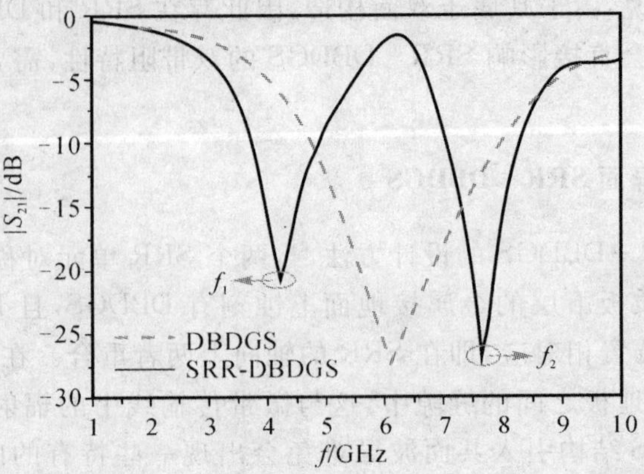

图 6.2　传输特性仿真结果

表 6.1　传输特性比较结果

CPW 结构类型	第一带隙/GHz		第二带隙/GHz	
	中心频率	10 dB 带宽	中心频率	10 dB 带宽
DBDGS	6.13	3.23		
SRR - DBDGS	4.22	1.15	7.66	1.24

在 CPW 异面 SRR - DBDGS 结构中，SRR 和 CPW DBDGS 之间的偏移量采用 d_offset 表示，如图 6.1 所示。当 d_offset＝0 mm 时，SRR 和 CPW DBDGS 在 z 方向上重合。其他参数不变，仿真计算得出的带隙中心频率与偏移量 d_offset 之间的对应关系如图 6.3 所示。

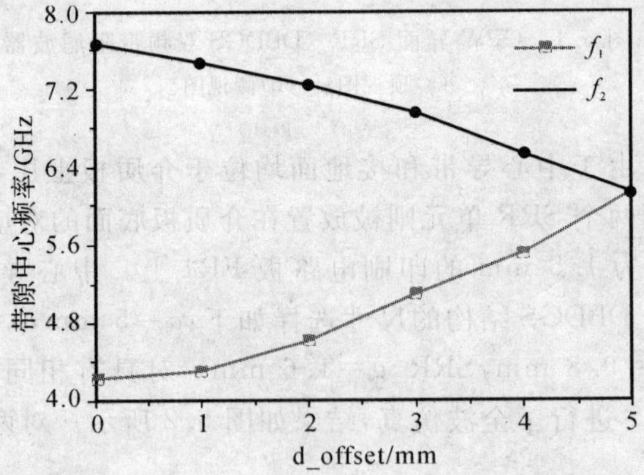

图 6.3　带隙中心频率与偏移量之间的关系

从图上可知，两带隙中心频率随着偏移量的增大而相互靠近；当 d_offset＝5 mm 时，SRR 与 CPW DBDGS 之间在 z 方向上没有重叠的部分，SRR 对 CPW DBDGS 的传输特性不产生影响，此时两带隙中心频率重合（等于 CPW DBDGS 的带隙中心频率）。

SRR - DBDGS 的双带隙特性可以采用级联两个 RLC 谐振电路来表征，CPW 异面 SRR - DBDGS 的等效电路模型如图 6.4 所示。等效电路模型中的各参数抽取公式如下[8]：

$$R_i = 2Z_0 (1/|S_{21}(f)| - 1)|_{f=f_i} \tag{6.1a}$$

$$C_i = \frac{\sqrt{0.5\,(R_i + 2Z_0)^2 - 4Z_0^2}}{2.83\pi Z_0 R \Delta f_i} \tag{6.1b}$$

$$L_i = \frac{1}{4\,(\pi f_i)^2 C_i}, \quad i = 1,2 \tag{6.1c}$$

式中，Z_0 表示 50 Ω 特性阻抗，f_i 表示第 i 个带隙的中心频率（谐振频率），S_{21} 表示位于频率 f_i 处的插入损耗，Δf 表示 3 dB 带宽。

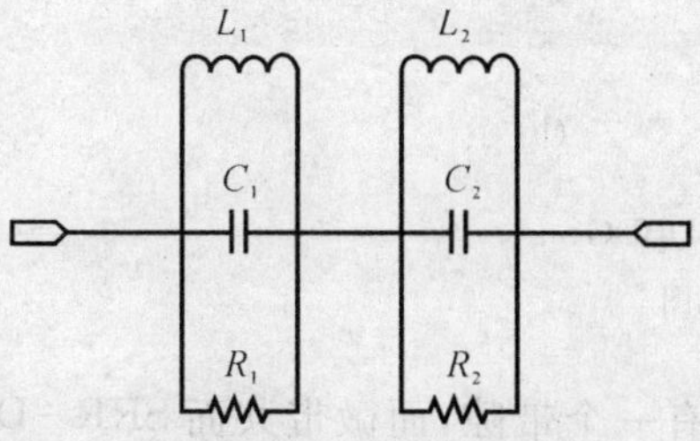

图 6.4　等效电路

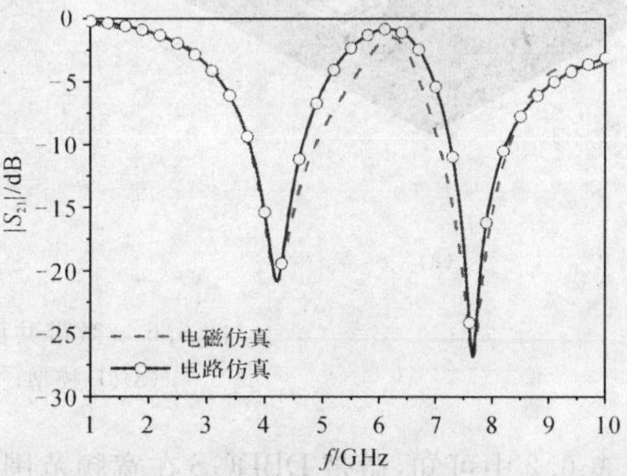

图 6.5　电磁和电路仿真结果

根据图 6.2 中的全波仿真结果和式(6.1)，等效参数抽取结果如下：$L_1 = 2.377\ 7$ nH，$C_1 = 0.598\ 22$ pF，$R_1 = 1\ 002.8$ Ω，$L_2 = 0.753\ 03$ nH，$C_2 = 0.573\ 29$ pF，$R_2 = 2\ 113.1$ Ω。采用 MWO 进行电路仿真，并与电磁仿真结果对比，如图 6.5 所示。

从图 6.5 可以看出，在 1 ～ 10 GHz 的宽频范围内电磁和电路仿真结果比较吻合，这说明抽取公式在分析频带内可以保证计算精度，采用级联 *RLC* 等效电路是合理和正确的。采用 CPW 异面 SRR - DBDGS 进行微波电路设计时，可以将其等效模型与其他微波元器件放入电路仿真软件进行优化设计，从而提高电路的设计效率。

6.2.2　微带共面 SRR - DBDGS

微带共面 SRR - DBDGS 结构如图 6.6 中所示。与传统微带异面 SRR - DBDGS 的构造不同，在此结构中，SRR 单元被直接加载到微带 DBDGS 的矩形方格内[9]。整个结构被构造在介电常数为 9.6、厚度为 1.5 mm 的微带板上，微带宽度对应特性阻抗为 50 Ω。

结构尺寸选择如下：$a = 4.5$ mm，$b = 0.45$ mm，$c = d = t = 0.3$ mm，$g = 0.4$ mm，$w = 1.5$ mm。该结构有效占用面积为 4.5×10.5 mm^2。对微带 DBDGS 和微带共面 SRR - DBDGS 进行了仿真分析，结果如图 6.7 所示。两种结构的传输特性对比结果如表 6.2 中所示。

表 6.2　传输特性对比结果

微带结构类型	第一带隙 /GHz		第二带隙 /GHz	
	中心频率	10 dB 带宽	中心频率	10 dB 带宽
DBDGS	5.30	1.56		
SRR - DBDGS	3.39	0.39	6.02	0.51

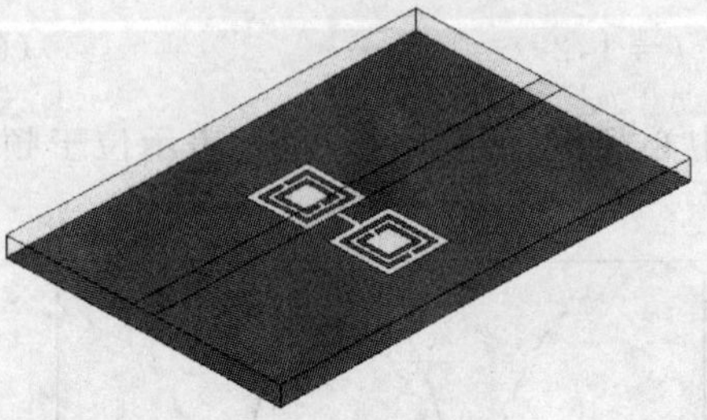
(a)

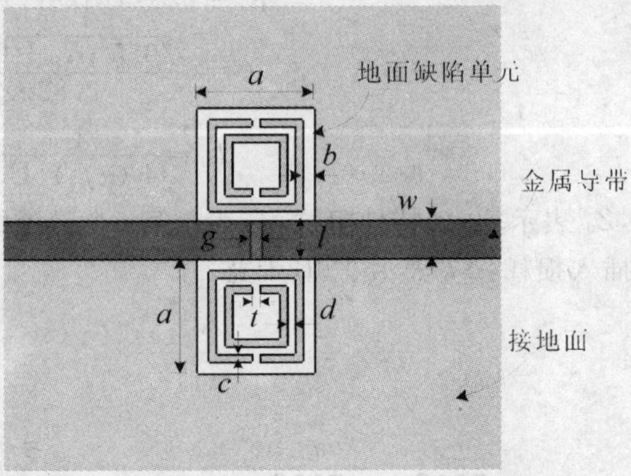

(b)

图 6.6 微带共面 SRR－DBDGS

(a)3D 模型；(b) 顶视图

从表 6.2 中可知，微带 DBDGS 在宽频范围内只具有一个带隙，而微带共面 SRR－DBDGS 表现出明显的双带隙特性。微带 DBDGS 的带隙中心频率为 5.30 GHz，10 dB 带隙宽度为 1.56 GHz。微带共面 SRR－DBDGS 具有两个带隙，带隙中心频率分别为 3.39 GHz 和 6.02 GHz，对应的 10 dB 带隙宽度分别为 0.39 GHz 和 0.51 GHz。

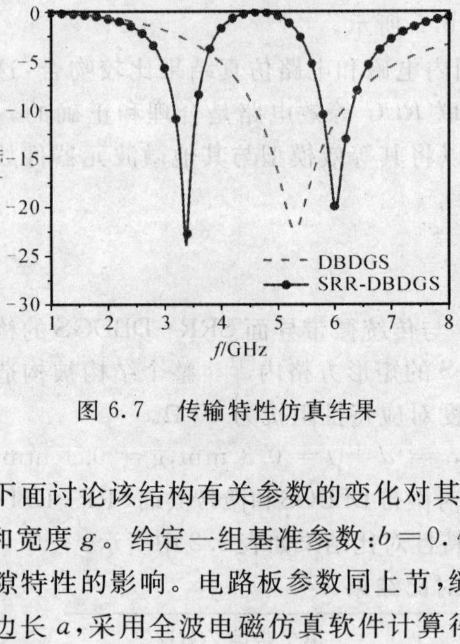

图 6.7 传输特性仿真结果

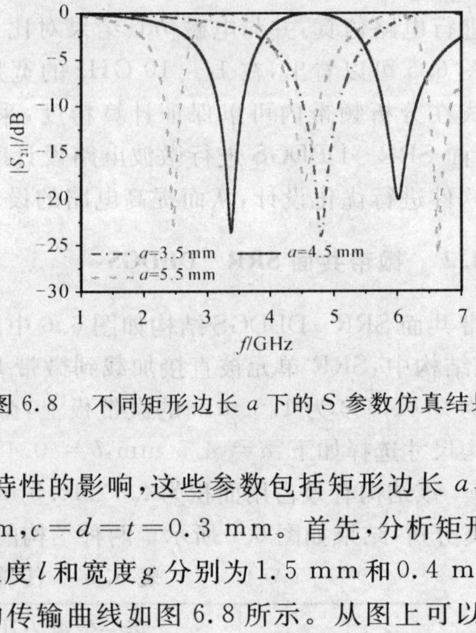

图 6.8 不同矩形边长 a 下的 S 参数仿真结果

下面讨论该结构有关参数的变化对其带隙特性的影响，这些参数包括矩形边长 a、缝隙长度 l 和宽度 g。给定一组基准参数：$b=0.45$ mm，$c=d=t=0.3$ mm。首先，分析矩形边长 a 对带隙特性的影响。电路板参数同上节，缝隙长度 l 和宽度 g 分别为 1.5 mm 和 0.4 mm，改变矩形边长 a，采用全波电磁仿真软件计算得出的传输曲线如图 6.8 所示。从图上可以明显看出，带隙中心频率（谐振频率）随着 a 值的增加而下降，第一带隙中心频率由 4.81 GHz 降至 2.45 GHz。

矩形边长 a 和缝隙宽度 g 分别为 4.5 mm 和 0.4 mm，改变缝隙长度 l，仿真得到的传输曲线如图 6.9(a) 所示。由图中可知，带隙中心频率（谐振频率）随着 l 值的增加而下降。下面再分析一下缝隙宽度 g 对带隙特性的影响。矩形边长 a 和缝隙宽度 l 分别为 4.5 mm 和

3.5 mm，改变缝隙宽度 g，仿真得到的传输曲线如图 6.9(b) 所示。从仿真结果可以看出，带隙中心频率（谐振频率）随着 g 值的增加而上升。

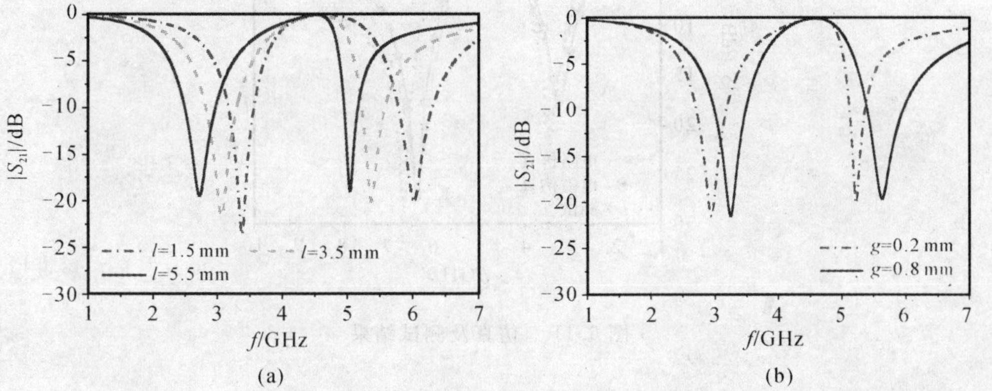

图 6.9　不同缝隙参数下的 S 参数仿真结果

(a) 缝隙长度 l；(b) 缝隙宽度 g

6.3　SRR－DBDGS 在双频带阻滤波器中的应用

6.3.1　CPW 异面 SRR－DBDGS 双频带阻滤波器

鉴于 CPW 异面 SRR－DBDGS 具有双带隙特性，设计并制作了 CPW 异面 SRR－DBDGS 双频带阻滤波器，实物模型如图 6.10 所示。滤波器结构尺寸选择如下：a = 5 mm，b = 0.6 mm，g = 0.2 mm，SRR_a = 5 mm，SRR_w = 0.8 mm，SRR_g = 1.6 mm。采用矢量网络分析仪对实物模型进行了测量，仿真和测试结果如图 6.11 所示。

图 6.10　电路实物模型

由图 6.11 可知，仿真与测试结果得出的阻带中心频率存在一定偏差，这主要是由于加工、焊接及测量误差引起的。但总的趋势并没有发生改变，实测结果验证了结构的有效性。实测结果表明，该结构分别在 3.43 GHz 和 6.66 GHz 处存在谐振，并因此产生了两个阻带，阻带最大衰减分别为 22.0 dB 和 28.3 dB。

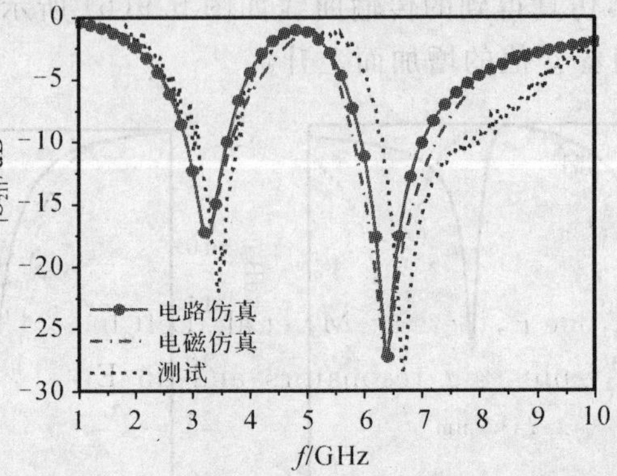

图 6.11　仿真及测试结果

6.3.2　微带共面 SRR－DBDGS 双频带阻滤波器

鉴于微带共面SRR－DBDGS具有双带隙特性，设计制作了微带共面SRR－DBDGS双频带阻滤波器，实物模型如图 6.12 所示。对实际电路进行了测试，并与电磁仿真和电路模型仿真结果进行了比较，等效电路和参数提取公式参见第 6.2.1 节。

图 6.12　实物模型

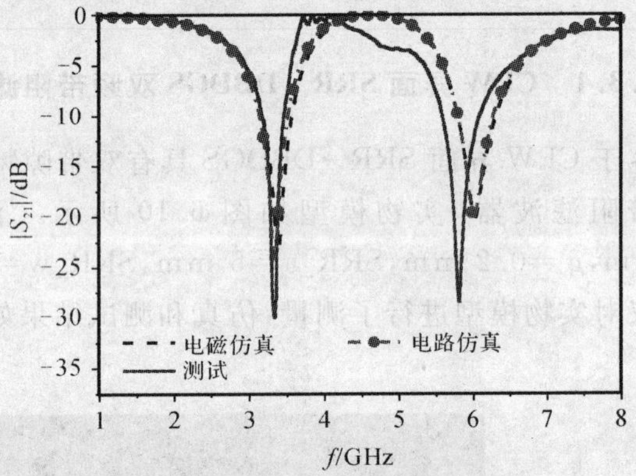

图 6.13　仿真及测试结果

仿真与测试结果对比如图 6.13 所示。由图中可知，测试与仿真结果趋势一致，但整个频带下移。造成这一现象的主要原因，除了加工过程中的制作误差以及介质板的非理想性外，也有可能是仿真软件的计算误差。测试结果表明，该结构分别在 3.35 GHz 和 5.82 GHz 发生谐振并具有阻带效应，10 dB阻带宽度分别为 0.28 GHz 和 0.50 GHz，两阻带最大衰减均在30 dB左右。

参考文献

[1]　Fu Y Q, Yuan N C, Zhang G H. A novel fractal microstrip PBG structure[J]. Microwave Opt Technol Letters, 2002, 32(1): 136－138.

[2] Laso M A G, Lopetegi T, Erro M J, et al. Multiple-frequency-tuned photonic bandgap structure[J]. IEEE Microwave and Guided Wave Letters, 2000, 10(6): 220－222.

[3] 刘海文，李征帆，孙晓玮. 一种具有双频率带隙特性的 PBG 微带线[J]. 压电与声光，2003, 25(3): 240－244.

[4] Liu H W, Sun L L, Shi Z G. Dual-bandgap characteristics of spurline filters and its circuit modeling[J]. Microwave Opt Technol Letters, 2007, 49(11): 2805－2807.

[5] Navarro-Cía M, Falcone F, Beruete M, et al. Left-handed behavior in a microstrip line loaded with squared split-ring resonators and an EBG pattern[J]. Microwave Opt Technol Letters, 2007, 49(11): 2689－2692.

[6] Safwa A M E, Tretyakov S, Räisänen A. Dual bandstop resonator using combined split ring resonator and defected ground structure[J]. Microwave Opt Technol Letters, 2007, 49(6): 1249－1252.

[7] Fu S H, Tong C M, Zhou M, et al. A compact CPW resonator cell with dual-bandgap characteristics[C]//2010 International Symposium on Signal, Systems and Electronics. Nanjing, 2010, 2: 756－758.

[8] Liu H W, Yoshimasu T, Kurachi S, et al. Compact slot resonator-based photonic bandgap for coplanar waveguide and its application to bandstop filter[J]. Microwave Opt Technol Letters, 2006, 48(8): 1602－1606.

[9] Fu S H and Tong C M. A novel CSRR-based defected ground structure with dual-bandgap characteristics[J]. Microwave and Optical Technology Letters, 2009, 51(12): 2908－2910.

第7章　CSRR及其在阶梯阻抗低通滤波器中的应用

7.1　引　言

在开口环谐振器(Split Ring Resonator,SRR)基础上,Martín 等提出了互补开口环谐振器(Complementary Split Ring Resonator,CSRR)的新概念[1],即构造和研究与 SRR 互补的结构,并应用到微波元器件的设计中。CSRR 被垂直电场激发,产生负介电常数效应,表现出奇异的禁带特性。本章主要介绍微带接地面 CSRR 的禁带特性及其在阶梯阻抗低通滤波器中的应用。

7.2　CSRR及其禁带特性

实质上,SRR 是一种在微波波段具有高品质因数的小型谐振结构,如图 7.1(a)所示。当 SRR 被平行于其轴向的磁场激发时,将产生环绕 SRR 的电流回路,该回路通过同心环间的电容闭合。因此,SRR 可以用一个 LC 回路表示[2-3]。从对偶与互补性考虑,可以从 SRR 推导出 CSRR 结构,如图 7.1(b)所示,图中灰色部分表示金属导体。该结构的电磁特性与 SRR 的电磁特性正好互补,因此 CSRR 是通过与其轴向平行的电场激发的,并可以在其谐振频率附近产生负介电常数效应。

(a)

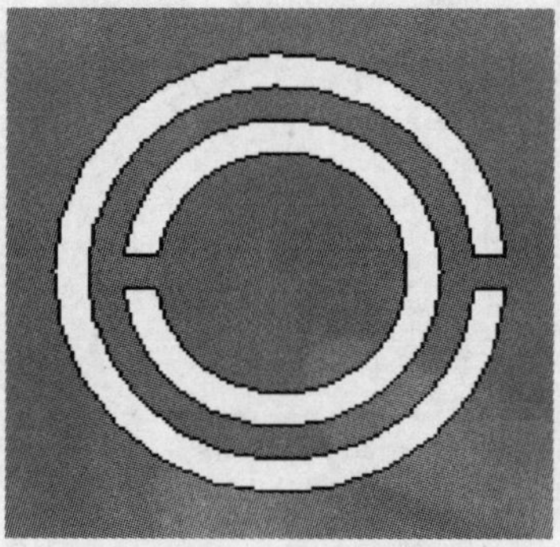

(b)

图 7.1　SRR 和 CSRR 示意图

(a)SRR；(b)CSRR

当 CSRR 被制作在微带线的接地板时(如图 7.2 所示),由于其负介电常数效应,可以产生阻带效应。整个结构制作在相对介电常数为 2.65、厚度为 0.8 mm 的介质基板上,对应 50 Ω

微带线宽度为 2.2 mm。CSRR 的尺寸选择如下：$g_1=0.4$ mm，$g_2=0.4$ mm，$g_p=0.6$ mm，$r=5.3$ mm。采用 HFSS10.0 对微带接地面 CSRR 进行了仿真，仿真得到的 S 参数如图 7.3 所示。从图中可以看出，在 1.73 GHz 附近出现了一个明显的阻带，且整个结构的选择特性在 100 dB/GHz 以上。

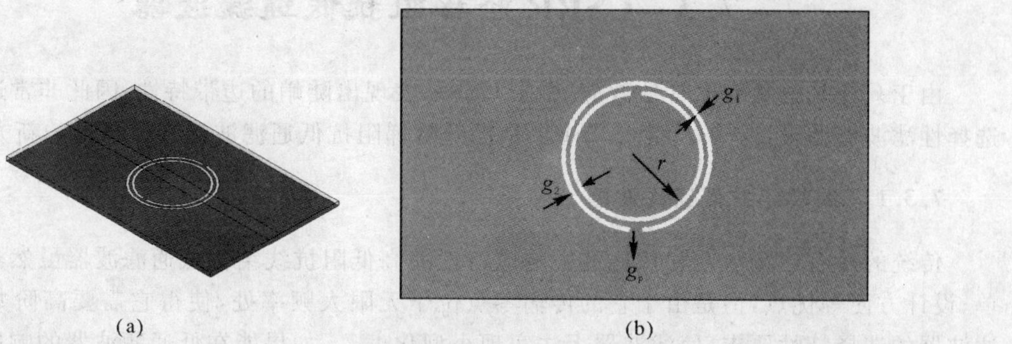

图 7.2　微带接地面 CSRR

(a)3D 模型；(b)接地面

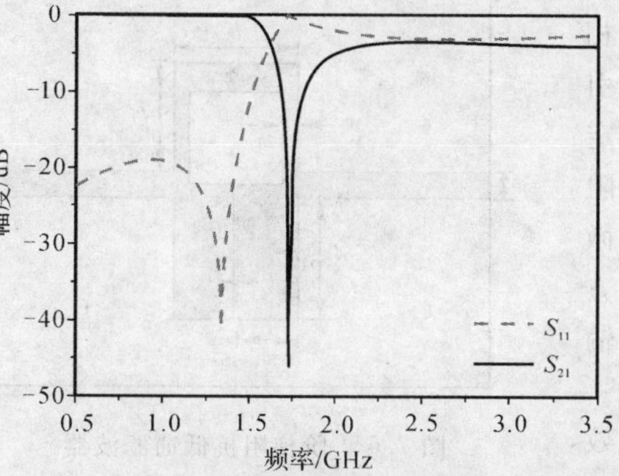

图 7.3　微带接地面 CSRR 仿真结果

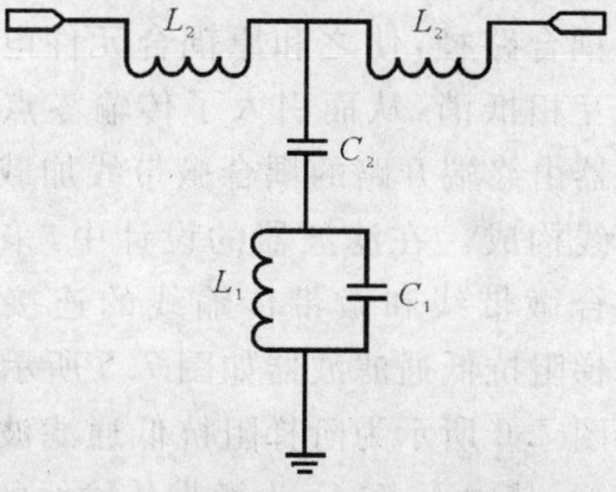

图 7.4　接地面 CSRR 微带线等效电路

CSRR 等效电路如图 7.4 所示，L_2 表示与 CSRR 发生作用的微带线电感，C_2 表示线电容，L_1C_1 表示 CSRR 通过电耦合后的谐振回路。通过分析可知，并联 L_1C_1 谐振回路的阻抗值为

$$Z_1=\frac{1}{Y_1}=\frac{1}{\mathrm{j}\omega C_1+\dfrac{1}{\mathrm{j}\omega L_1}}=\mathrm{j}\,\frac{\omega L_1}{1-\omega^2 L_1 C_1} \tag{7.1}$$

单个电容 C_2 的阻抗值为

$$Z_2=\frac{1}{Y_2}=\frac{1}{\mathrm{j}\omega C_2}=-\mathrm{j}\,\frac{1}{\omega C_2} \tag{7.2}$$

当 $Z_1+Z_2=0$ 时，并联支路谐振并出现衰减极点。因此，谐振频率可以表示为

$$f_0=\frac{1}{2\pi\sqrt{L_1(C_1+C_2)}} \tag{7.3}$$

从图 7.4 可知，在小于 CSRR 谐振频率下的一个窄频带内，并联支路由容性阻抗变为感性

阻抗。由于 CSRR 的尺寸相对于所研究频段的波长很小，因此可以将此时加载有 CSRR 的微带线视为制作在一新的均匀介质上的微带传输线，则此时并联支路上的感性阻抗就对应负的等效介电常数。

7.3 CSRR 阶梯阻抗低通滤波器

由于 CSRR 的负介电常数效应，微带 CSRR 表现出陡峭的边带特性，因此非常适合用作高选择性滤波器的设计[4-6]。引入 CSRR 是提升阶梯阻抗低通滤波器选择特性的新方法。

7.3.1 阶梯阻抗低通滤波器

传统的具有巴特沃斯和切比雪夫响应特性的高低阻抗线结构低通滤波器虽然具有结构简单、设计方便等优点，但是由于它的传输零点位于无限大频率处，使得它需要高阶数才能满足滤波器的选择特性要求，使滤波器无法实现小型化[7-8]。如果能在低通滤波器的响应特性曲线上引入有限频率传输零点构成准椭圆函数特性响应，则低阶数滤波器就可满足滤波器的选择特性指标，从而在较小的电路面积上实现高性能的滤波器。

基于上述思想，高低阻抗线结构低通滤波器被折叠成梳状构成阶梯阻抗低通滤波器。通过相邻电容微带边缘耦合或交指耦合，在相邻电容引入容性耦合路径，使之和原耦合元件电感在预定频率处互相抵消，从而引入了传输零点。阶梯阻抗谐振器由终端开路的耦合微带线加载的一段微带传输线构成。在滤波器的设计中，采用抽头方式在耦合微带线和微带传输线的连接点输入输出。阶梯阻抗低通滤波器如图 7.5 所示。

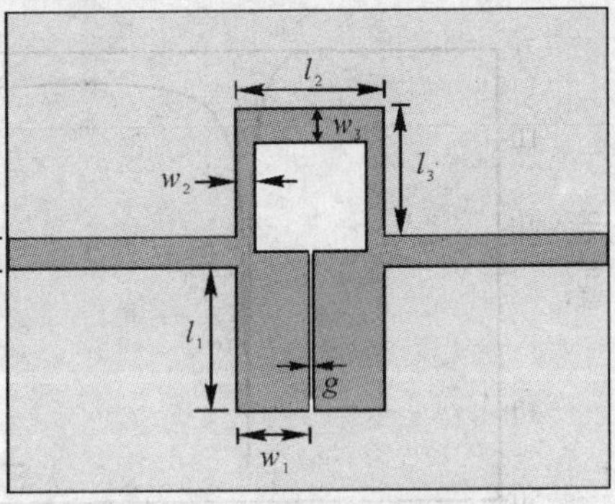

图 7.5 阶梯阻抗低通滤波器

如图 7.6 所示为阶梯阻抗低通滤波器的等效电路模型，其中 L_s 和 C_s 为微带传输线的等效电感和等效电容，C_g 为耦合微带线缝隙电容，C_p 为耦合微带线等效并联电容，C_{ps} 表示微带传输线等效电容、耦合微带线等效并联电容以及由于微带传输线与耦合微带线连接的不连续性所产生的额外电容之和，其数学表达式如下[9]：

$$C_{ps}=C_s+C_p+C_\Delta \tag{7.4}$$

式中，C_Δ 表示额外电容。

介质基板采用介电常数为 2.65、厚度为 0.5 mm 的聚四氟乙烯玻璃布板。输入、输出端口均采用 50 Ω 微带线，对应 50 Ω 微带线宽为 $w=1.37$ mm。结构参数选择如下：$w_1=2.99$ mm，$w_2=0.79$ mm，$w_3=1.37$ mm，$l_1=6.02$ mm，$l_2=6.22$ mm，$l_3=5.33$ mm，$g=0.24$ mm，整个电路面积为 20×25 mm^2。采用电磁仿真软件对阶梯阻抗低通滤波器结构进行了全波仿真。利用电路仿真软件 MWO 中的优化拟合工具来提取等效电路模型中的各元件参数值，拟合结果如下：$L_s=2.969$ nH，$C_g=0.487$ pF，$C_{ps}=1.284$ pF。将电路仿真和全波电磁仿真结果对比，如图 7.7 所示。由图中可以看出，在宽频带范围内拟合良好。对阶梯阻抗低通滤波器的实物模型进行了测量，测试与仿真结果对比如图 7.7 所示。仿真和测试结果表明，使用阶梯阻抗谐振器设计的低通滤波器，一个阶梯阻抗谐振器只能引入一个传输零点，这就限制了滤波器性能的提高，特别是在选择特性方面。

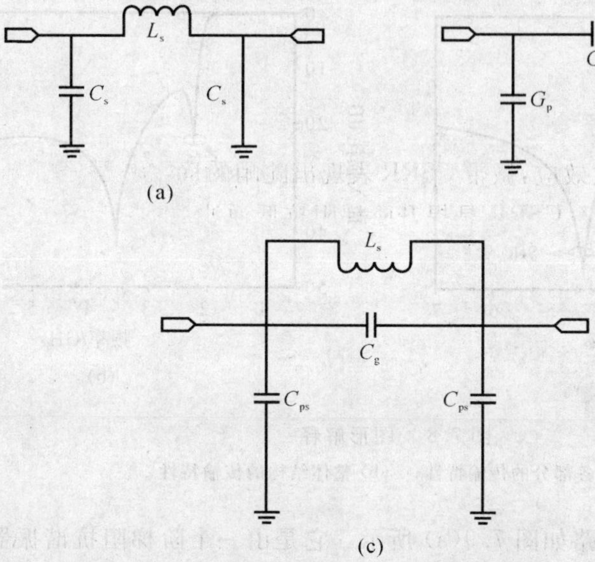

图 7.6　等效电路模型

(a) 微带传输线；(b) 耦合微带线；(c) 阶梯阻抗低通滤波器

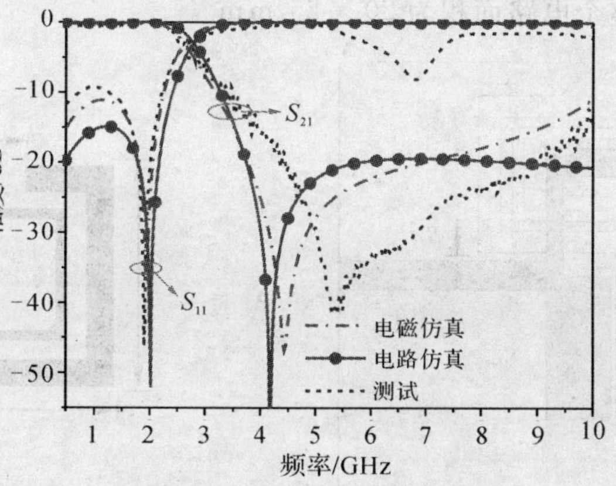

图 7.7　仿真与实测结果

7.3.2　CSRR 阶梯阻抗低通滤波器

相对传统的高低阻抗低通滤波器而言，阶梯阻抗低通滤波器的选择特性已有提高，但仍然不能满足现代无线通信对低通滤波器选择特性的要求。为了进一步提高阶梯阻抗低通滤波器的选择特性，有研究人员采用增加阶梯阻抗谐振器单元数目的方法[9]，这无疑会增大电路面积，对电路的小型化非常不利。在阶梯阻抗谐振器(Step-Impedance Resonator，SIR)的微带传输线下方接地面引入 CSRR 可以很好地解决这一问题[10]。CSRR 阶梯阻抗低通滤波器的设计思想如下：利用具有陡峭带隙特性的 CSRR 结构在阶梯阻抗低通滤波器的响应特性曲线上引入有限频率传输零点(图形解释见图 7.8),提高结构的选择特性;通过优化调整结构参数,使整个结构获得优良的传输特性。

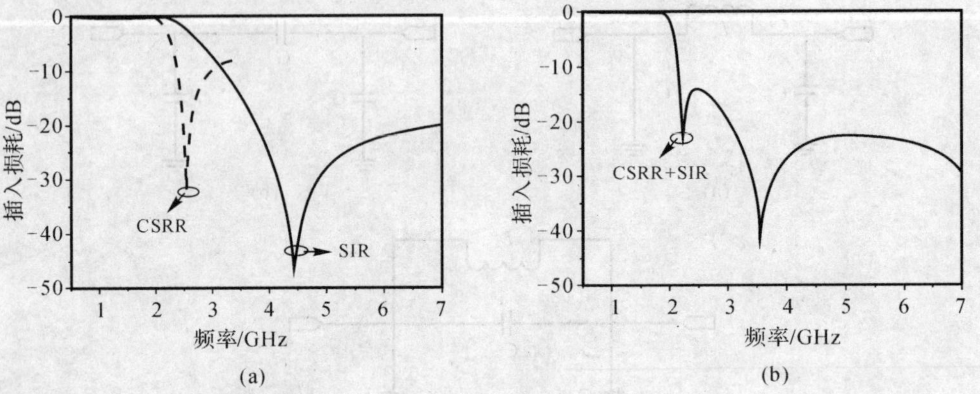

图 7.8　图形解释

(a) 各部分的传输特性；(b) 整体结构的传输特性

CSRR 低通滤波器平面电路如图 7.9(a) 所示。它是由一个阶梯阻抗谐振器、微带传输线下方接地面上的CSRR和输入输出馈线组成的。CSRR结构的几何参数如图 7.9(b) 所示。微带介质材料和阶梯阻抗低通滤波器的尺寸参数选择不变,设计结构的其他尺寸参数选择如下:$a=12.22$ mm,$b=7.35$ mm,$c=0.5$ mm,$g_1=6.61$ mm,$g_2=0.5$ mm,$s=0.4$ mm,$t_1=1$ mm,$t_2=0.5$ mm。整个电路面积为 20×25 mm^2。

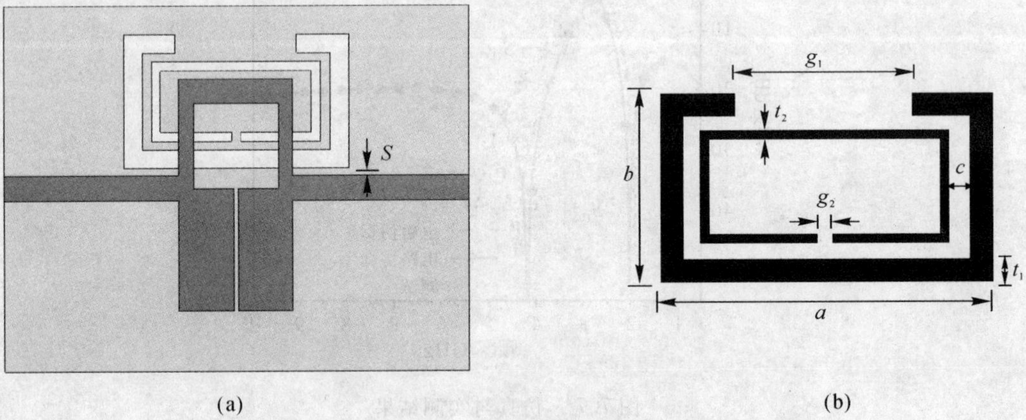

图 7.9　CSRR 阶梯阻抗低通滤波器

(a) 平面电路；(b)CSRR 几何参数

根据上述参数,对此结构进行了全波电磁仿真,结果如图 7.10 所示。由图 7.10 可知,CSRR 阶梯阻抗低通滤波器截止频率为 2.05 GHz,通带内反射损耗最大旁瓣幅度为 −15.2 dB,选择特性为 121.4 dB/GHz,传输零点分别位于 2.22 GHz,3.53 GHz 和 7.45 GHz,20 dB阻带从 3～8.1 GHz,绝对阻带宽度为 5.1 GHz,相对阻带宽度为 91.9%。将其与 SIHR 低通滤波器的各项性能参数进行了对比,结果如表 7.1 所示。

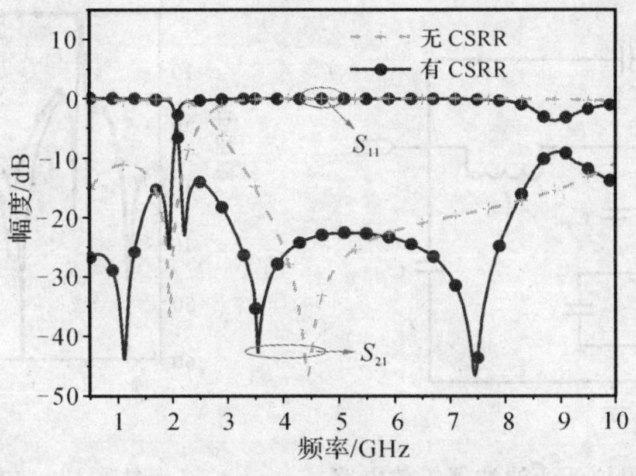

图 7.10　两种结构的仿真结果对比

表 7.1　滤波器性能对比结果

结构类型	通带反射损耗最大旁瓣 dB	传输零点数 个	选择特性 dB/GHz	20 dB 阻带	
				绝对宽度 GHz	相对宽度 %
无 CSRR	−11.1	1	14.7	3.18	59.3
有 CSRR	−15.2	3	121.4	5.1	91.9

由表 7.1 可以看出，加载 CSRR 后，滤波器的各项性能参数均得到了很好的改善。传输零点从 1 个增加到 3 个，选择特性由 14.7 dB/GHz 提高到了 121.4 dB/GHz，20 dB 阻带宽度从 3.18 GHz 增加到了 5.1 GHz。由于在截止频率附近及高频端额外产生了两个传输零点，滤波器的选择特性大大提高，同时整个结构的阻带宽度也大幅增加。

阶梯阻抗低通滤波器的截止频率为 2.62 GHz，对应电路尺寸为 $0.258\lambda_g \times 0.323\lambda_g$（$\lambda_g$ 表示截止频率对应的波导波长）；加载 CSRR 后，滤波器的截止频率为 2.05 GHz，对应电路尺寸为 $0.202\lambda_g \times 0.252\lambda_g$。与阶梯阻抗低通滤波器相比，所设计电路尺寸减小了 38.9%。由此证明，该结构是一种高性能小型低通滤波器。

综合微带接地面 CSRR 和阶梯阻抗低通滤波器的等效模型即可得到 CSRR 低通滤波器的等效电路，如图 7.11 所示。等效电路解释：C_g 为耦合微带线之间的缝隙电容，L_2 表示与 CSRR 发生作用的微带传输线电感，C_2 表示微带传输线与其正下方 CSRR 的耦合电容，L_1C_1 电路代表 CSRR 谐振回路，C_{ps} 表示耦合微带线并联电容。

利用微波电路仿真软件 MWO 中的优化拟合工具，可以得到等效电路模型中各参数值如下：$C_1=0.454\,8$ pF，$L_1=4.718$ nH，$C_2=0.751\,2$ pF，$L_2=2.903$ nH，$C_g=0.394\,8$ pF，$C_{ps}=1.109$ pF。为了验证等效电路的正确性，给出了基于等效电路的 S 参数仿真结果，并与全波电磁仿真结果进行了对比，如图 7.12 所示。从图中可以看出，两种结果在 0.5 ~ 10 GHz 范围内非常一致，由此说明采用逼近拟合技术提取等效电路参数的方法可以在所计算频带内保证计算精度，同时证明了等效电路拓扑的合理性和正确性。

为验证设计的有效性，加工了阶梯阻抗低通滤波器及 CSRR 阶梯阻抗低通滤波器，实物模型照片如图 7.13 所示。对上述电路进行了测试，实测结果如图 7.14 所示。

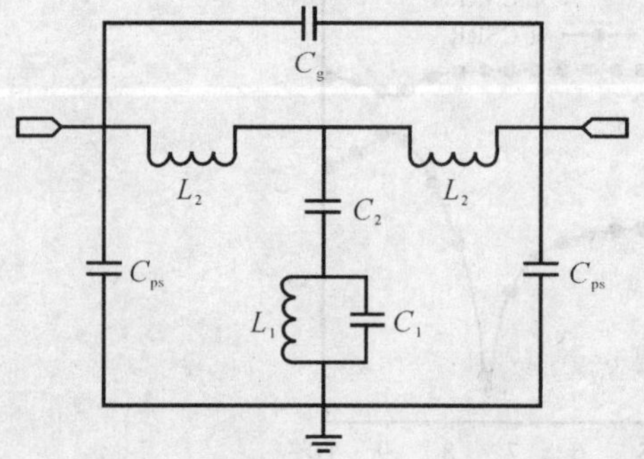

图 7.11　CSRR 阶梯阻抗低通滤波器等效电路

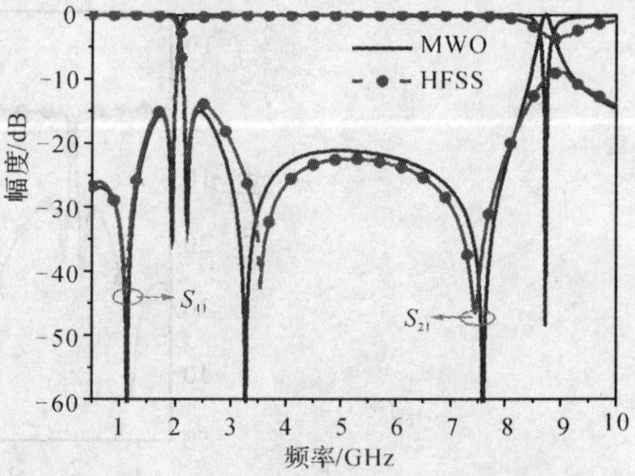

图 7.12　电路与电磁仿真结果

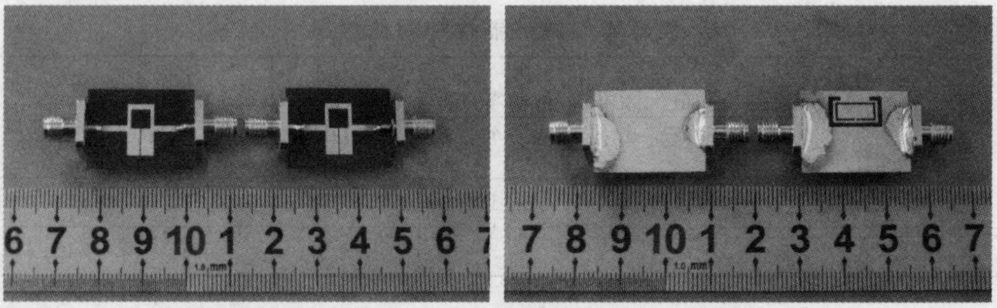

(a)　(b)

图 7.13　实物照片

(a) 顶视图；(b) 底视图

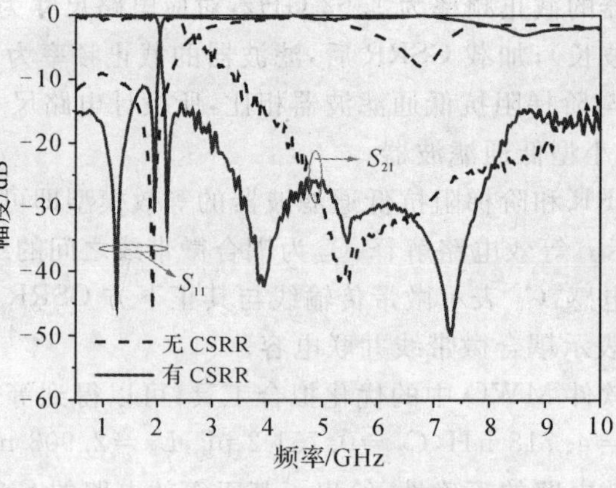

图 7.14　两种加工结构的测量结果

对比图 7.10 和图 7.14 可以看出，测试与仿真结果比较吻合，由此证明了设计方法的正确性。测试结果表明，加载 CSRR 后，阶梯阻抗谐振器的低通性能整体提高，其中滤波器选择特性提升为 162 dB/GHz，且在 2.98 ～ 8.2 GHz 范围内抑制度优于 20 dB。

7.4　混合结构阶梯阻抗低通滤波器

CSRR 阶梯阻抗低通滤波器可以获得良好的低通特性、陡峭的截止特性和高阻带抑制度。然而，这种滤波器阻带不是太平坦，在高频段有高的突起，从而使阻带特性变坏。因此，低通滤波器的阻带带宽需要进一步扩展。为改善阻带特性，有研究人员提出了一种混合结构低通滤波器[11]。它是在低通滤波器原型两侧对称加载哑铃型 DGS 单元。由于哑铃型 DGS 单元阻带较窄，因此它只能抑制其带隙频率附近的阻带起伏，而无法消除其他频段的阻带突起。为了有效解决宽频带谐波抑制问题，将补偿型耦合 DGS 结构引入 CSRR 阶梯阻抗低通滤波器构造了一种具有超宽阻带的混合结构阶梯阻抗低通滤波器。

7.4.1　补偿型耦合 DGS

2008 年，韩国研究人员提出了一种耦合地面缺陷结构（Coupled-Defected Ground Structure，C-DGS）[12]，它是由两个相互紧靠的哑铃型 DGS 单元构成的。紧靠的 DGS 单元引起了地面电流的耦合，其影响表现为在传输曲线中出现了一个额外的衰减极点，因此阻带特性得到很大改善。但此结构的通带损耗较大，这极大地限制了 C-DGS 在实际电路中的应用。参考文献[13]将由不同特性阻抗（对应不同微带线线宽）构成的微带线称作补偿型微带线（CML）。研究表明，CML 可以有效降低 DGS 结构的通带损耗。基于上述考虑，将 C-DGS 和 CML 结合可以得到一种补偿型耦合地面缺陷结构（Coupled-Defected Ground Structure with Compensated Micro-strip Line，CC-DGS），如图 7.15 所示。

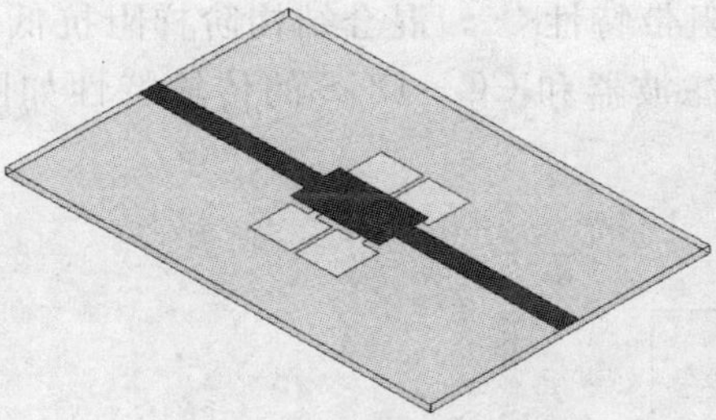

(a)

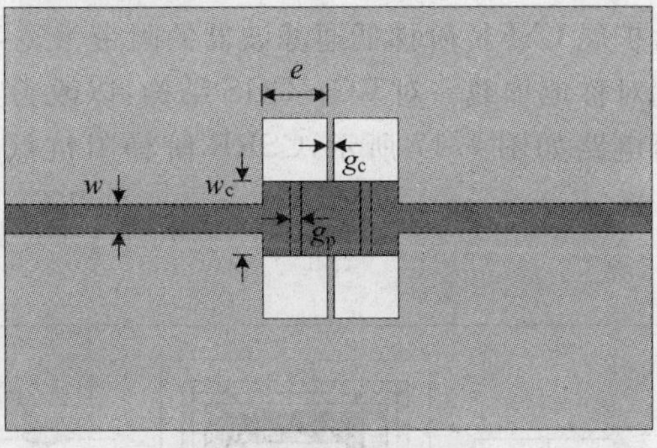

(b)

图 7.15　补偿型耦合地面缺陷结构

(a)3D 模型；（b）平面电路

介质基板采用介电常数为 2.65、厚度为 0.5 mm 的聚四氟乙烯玻璃布板。结构参数选择如下：$w=1.37$ mm，$w_c=3.5$ mm，$e=3$ mm，$g_c=0.3$ mm，$g_p=0.5$ mm。采用 HFSS10.0 对哑铃型 DGS，C－DGS 和 CC－DGS 进行了计算，全波仿真结果如图 7.16 所示。从图中可以看出，哑铃型 DGS 单元在 8.61 ～ 11.06 GHz 范围内抑制度超过 15 dB，15 dB 阻带带宽仅为 2.45 GHz，因此它无法满足宽频段抑制要求。C－DGS 在 6.12 ～ 13.98 GHz 范围内抑制度超过 15 dB，15 dB 阻带带宽为 7.86 GHz，通带反射损耗最大旁瓣为 － 4.92 dB；CC－DGS 在

5.7 GHz 以上抑制度均超过 15 dB,15 dB 阻带带宽在 14.3 GHz 以上,通带反射损耗最大旁瓣为 −15.9 dB。

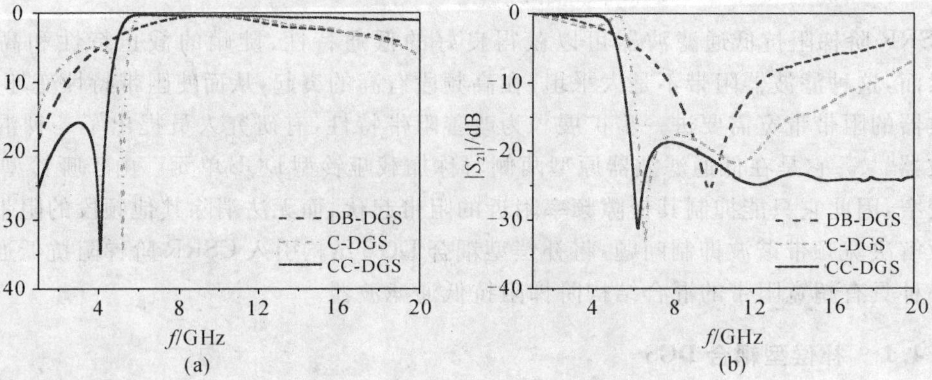

图 7.16　三种结构的传输特性对比

(a) 反射损耗；(b) 插入损耗

CC－DGS 与 C－DGS 比较,CC－DGS 具有明显的优势:① 电路面积不变,CC－DGS 的阻带带宽是 C－DGS 的两倍左右;②CC－DGS 具有更低的通带损耗和通带波纹系数,更适合于与其他电路结合。在宽频带谐波抑制应用方面,较之哑铃型 DGS 和 C－DGS,CC－DGS 更具竞争力。

7.4.2　混合结构滤波器

为扩展 CSRR 阶梯低通滤波器的阻带带宽,加大高频端衰减,在原滤波器的输入、输出端口两侧对称地加载一对 CC－DGS 结构,以改善其阻带特性[14]。混合结构阶梯阻抗低通滤波器平面电路如图 7.17 所示,CSRR 阶梯阻抗低通滤波器和 CC－DGS 的传输特性如图 7.18 所示。

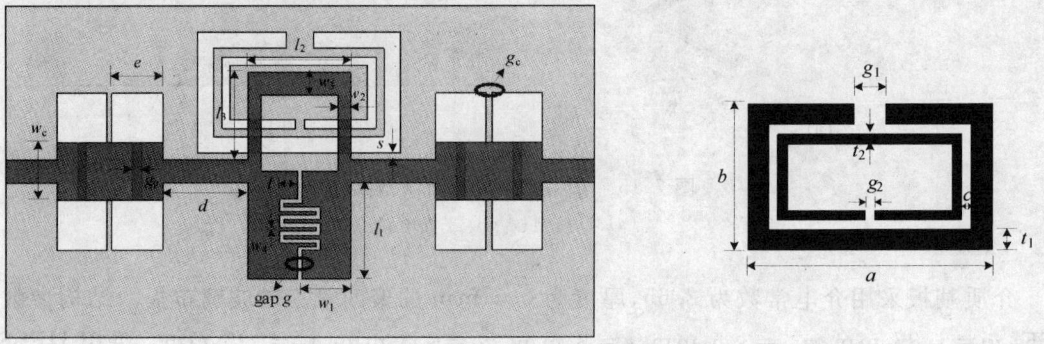

图 7.17　混合结构阶梯阻抗低通滤波器

(a) 平面电路；(b)SRR DGS 几何参数

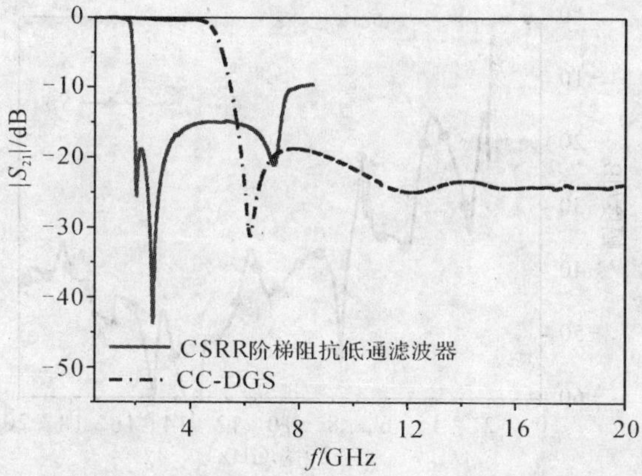

图 7.18　两种组成部分的传输特性

从图 7.18 可以看出，CC－DGS 的阻带覆盖了 CSRR 阶梯阻抗低通滤波器的高频段突起，因此 CC－DGS 对高频谐波可以起到很好的抑制效果。由于 CC－DGS 的宽阻带特性，无须考虑加载带隙与阻带突起的对应关系，这使设计变得十分简单。对混合结构阶梯阻抗低通滤波器的结构参数进行优化设计后，具体选择如下：$w_1=2.99$ mm，$w_2=0.79$ mm，$w_3=1.37$ mm，$w_4=0.24$ mm，$l=1.095$ mm，$l_1=5.775$ mm，$l_2=6.22$ mm，$l_3=5.325$ mm，$g=0.24$ mm，$s=0.4$ mm，$a=12.22$ mm，$b=7.345$ mm，$c=0.5$ mm，$g_1=1.61$ mm，$g_2=0.5$ mm，$s=0.4$ mm，$t_1=1$ mm，$t_2=0.5$ mm，$w_c=3.5$ mm，$d=5.05$ mm，$e=3$ mm，$g_c=0.3$ mm，$g_p=0.5$ mm。整个结构设计在相对介电常数为 2.65、厚度为 0.5 mm 的微带基板上。传输特性仿真结果如图 7.19 所示。

仿真结果表明，混合结构阶梯阻抗低通滤波器的截止频率为 1.86 GHz，通带反射损耗最大旁瓣低于 20 dB，在 1.72 GHz 以下的通带范围内插入损耗小于 0.5 dB，选择特性大于 150 dB/GHz，在 1.95 GHz 以上的阻带范围内衰减不低于 15 dB，在 7.3 GHz 以上的高频段衰减更为强烈，阻带抑制度优于 35 dB。由此表明，CC－DGS 可以在很宽频段内有效地抑制谐波信号传输，而对原型滤波器的优异性能基本没有影响。CC－DGS 是一种良好的宽频带谐波抑制器，非常适于常规平面电路。

为了验证设计的正确性，根据结构设计参数加工了实物并对其进行了测量，实物模型如图 7.20 所示，仿真和测试结果如图 7.21 所示。测量结果表明，滤波器截止频率 f_c 为 1.83 GHz；低通频段（1.73 GHz 以下）的插入损耗小于 0.5 dB（包含 SMA 接头损耗）；在 1.88 ～ 25 GHz 之间阻带衰减大于 10 dB，2.68 ～ 24.7 GHz 之间阻带衰减大于 20 dB，20 dB 阻带宽度大于 $12f_c$，选择特性为 188.9 dB/GHz，而整个电路面积仅为 20×35 mm^2。

测试与仿真结果之间存在一些频率偏差，这主要是由于加工和测量误差引起的，但总体趋势吻合良好。仿真和测试结果验证了所设计结构的有效性。与传统低通滤波器相比，混合结构阶梯阻抗低通滤波器具有以下 4 个优点：① 超宽阻带；② 低插入损耗；③ 陡峭边带；④ 小尺寸。该结构能在整个通带内实现与输入、输出端的良好匹配，且自身具有很好的阻带抑制效果，特别适合应用于宽带电路和系统中。

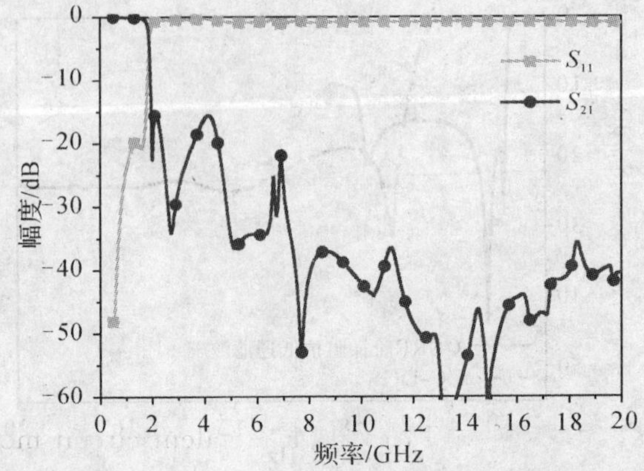

图 7.19　混合结构传输特性仿真结果

(a)　　　　(b)

图 7.20　实物模型

(a) 顶视图；(b) 底视图

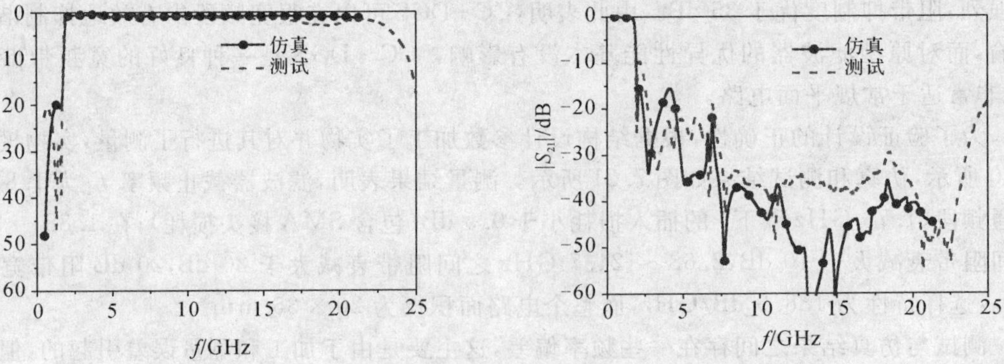

(a)　　　　(b)

图 7.21　仿真与测试结果

(a) 反射损耗；(b) 插入损耗

参考文献

[1] Bonache J, Martín F, Falcone F, et al. Application of complementary split-ring resonators to the design of compact narrow band-pass structures in microstrip technology [J]. Microwave Opt Technol Letters, 2005, 46(5): 508-512.

[2] Eleflhenades G V, Siddiqui O, Iyer A K. Transmission line models for negative refractive index media and associated implementations without excess resonators[J]. IEEE Microwave Wireless Compon Letters, 2003, 13(2): 51-53.

[3] Chen H S, Ran L X, Huangfu J T, et al. Equivalent circuit model for left-handed meta-materials[J]. J. Appl. Phys., 2006, 100(2): 024915-024915-6.

[4] Wu B, Li B, Su T, et al. Equivalent-circuit analysis and lowpass filter design of split-ring resonator DGS[J]. Journal of Electromagnetic Waves and Application, 2006, 20 (14): 1943-1953.

[5] 朱永忠. 无线通信系统中的高选择性小型化带通滤波器的研究与设计[D]. 西安：西安电子科技大学，2008.

[6] 曾会勇. 复合左右手传输线的设计及应用研究[D]. 西安：空军工程大学，2010.

[7] 吴万春. 集成固体微波电路[M]. 北京：国防工业出版社，1981.

[8] 清华大学《微带电路》编写组. 微带电路[M]. 北京：人民邮电出版社，1976.

[9] Hsieh L H, Chang K. Compact elliptic-function low-pass filter using microstrip stepped-impedance hairpin resonators[J]. IEEE Transactions on Microwave Theory and Techniques, 2003, 51(1): 193-199.

[10] Fu S H, Tong C M, Li X M, et al. Compact miniaturized stepped impedance low-pass filter with sharp cutoff characteristic[J]. Microwave and Optical Technology Letters, 2009, 51(10): 2257-2258.

[11] 陈俊，焦永昌，王磊，等. 超宽阻带混合单元缺陷地面结构滤波器[J]. 电波科学学报：增刊，2007，22：407-409.

[12] Jung S, Lim Y K, Lee H Y. A coupled-defected ground structure lowpass filter using inductive coupling for improved attenuation[J]. Microwave Opt Technol Letters, 2008, 50(6): 1541-1543.

[13] Lim J S, Kim C S, Lee Y T, et al. Design of lowpass filters using defected ground structure and compensated microstrip line[J]. Electronics Letters, 2002, 38(22): 1357-1358.

[14] Fu S H, Tong C M, Li X M, et al. A compact ultra-wide stopband, low insertion loss, and sharp cutoff low-pass filter[J]. Microwave and Optical Technology Letters, 2010, 52(3): 568-570.

第 8 章　CSRR 在双模贴片滤波器中的应用

8.1　引　言

CSRR 作为一种新型人工电磁结构已被广泛应用于各种微波器件的设计中，但与平面谐振器结合的应用则很少出现。本章重点介绍 CSRR 与平面三角形谐振器的结合应用。

8.2　平面三角形谐振器

8.2.1　平面谐振器的发展现状

微波谐振器一般是由任意形状的电壁或磁壁所限定的体积，其内产生微波电磁振荡，是一种具有储能和选频特性的微波谐振元件。微波谐振器在微波电路和系统中有非常广泛的应用，可以用作微波滤波器、振荡器、天线和调谐放大器等。

根据其结构，微波谐振器可以分为两类：一类是传输线型，如波导腔谐振器、微带谐振器和介质谐振器等；另一类是非传输线型，如环形谐振器和混合同轴线型谐振器等。微带谐振器易于和其他微波电路集成，是目前开发微波元器件的热点[1-2]。

微带谐振器的种类很多，一般可以分成集总元件或准集总元件谐振器、分布线谐振器和贴片谐振器三类。为了提高滤波器的功率负载容量，经常采用贴片谐振器设计滤波器。与窄微带线谐振器相比，贴片谐振器具有较小的导体损耗。同时，贴片谐振器具有易于加工、易于设计、造价低、可以大批量生产等优点，属于目前应用较为广泛的一类微带滤波器。

双模谐振器是微波带通滤波器小型化最有效的手段之一，主要包括波导双模谐振器、介质双模谐振器和微带双模谐振器。双模特性是 Wolff[3] 在20世纪70年代初用来设计和制作带通滤波器时首先发现的。谐振器中对于不同的场分布有无穷多个谐振模式和谐振频率，其中具有相同谐振频率的模式称为简并模。若在单个谐振器中加入一些微扰（比如开槽、切角或加入小的贴片、内切角等），会改变原正交简并模的电场分布，使得一对正交简并模之间发生耦合，两个耦合简并模的作用相当于两个耦合谐振器，从而在保持谐振回路不变的情况下，使谐振器的个数减少一半[1]。通过改变这些微扰贴片和切角的大小可以对耦合强度进行控制。微带谐振器可以是圆形、方形、环形或折线等形式（如图 8.1 所示，其中 λ_{g0} 为主模的导波波长），利用这些基本的谐振结构可以构成不同构造的多级滤波器。

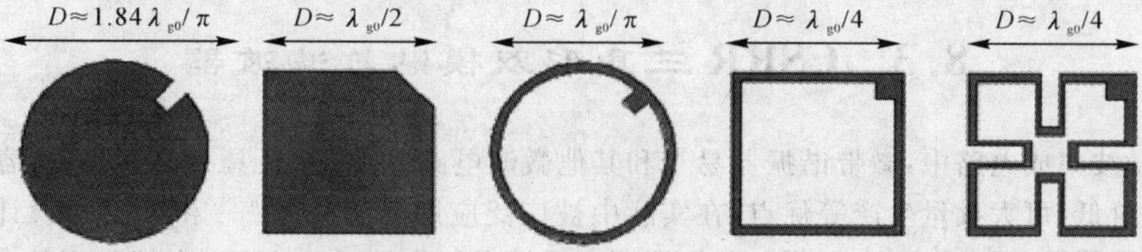

图 8.1　微带双模谐振器结构

8.2.2　平面三角形谐振器 $TM_{1,0,-1}$ 模特性

由参考文献[4]和参考文献[5]可知，格林函数解析的等边三角形的主模 $TM_{1,0,-1}$ 和其简并模式的电场表达式如下：

$$E_z = A_{1,0,-1}\left[2\cos\left(\frac{2\pi x}{\sqrt{3}a}+\frac{2\pi}{3}\right)\cos\frac{2\pi y}{3a}+\cos\frac{4\pi y}{3a}\right] \tag{8.1}$$

$$E'_z(x,y)-E''_z(x,y)=KA_{1,0,-1} \tag{8.2}$$

$$K=2\cos\left[\frac{2\pi(x\cos\alpha+y\sin\alpha)}{\sqrt{3}a}+\frac{2\pi}{3}\right]\cos\frac{2\pi(-x\sin\alpha+y\cos\alpha)}{3a}+$$
$$\cos\frac{4\pi(-x\sin\alpha+y\cos\alpha)}{3a}-2\cos\left[\frac{2\pi(x\cos\beta+y\sin\beta)}{\sqrt{3}a}+\frac{2\pi}{3}\right]\times$$
$$\cos\frac{2\pi(-x\sin\beta+y\cos\beta)}{3a}-\cos\frac{4\pi(-x\sin\beta+y\cos\beta)}{3a} \tag{8.3}$$

为方便起见，这里特指基于式(8.1)的主模 $TM_{1,0,-1}$ 为模式 1，基于式(8.2)的主模 $TM_{1,0,-1}$ 简并模式为模式 2。它们的表面电流分布如图 8.2(a)和图 8.2(b)所示。实际设计中使用的双模微带三角形谐振贴片器是由等边三角形贴片谐振器加微扰实现的。微扰的方式有多种，参考文献[3]把等边三角形变形为一般等腰三角形，使模式 1 的谐振频率产生搬移而模式 2 的谐振频率几乎没有受到影响，从而实现了双模工作方式。

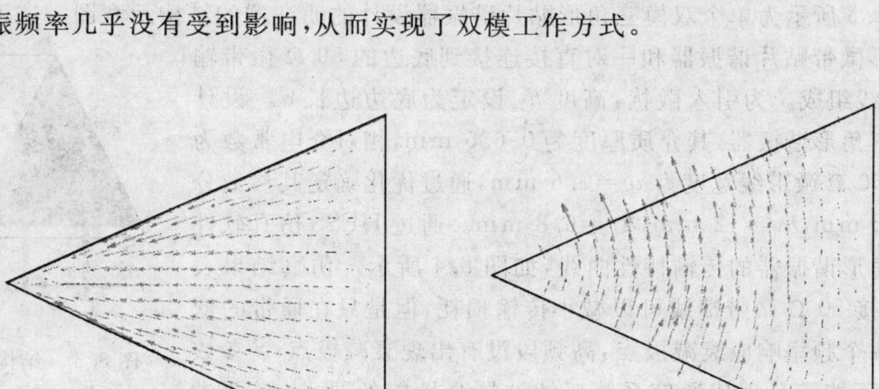

图 8.2　简并模电流分布

(a) 模式 1；(b) 模式 2

8.3 CSRR 三角形双模贴片滤波器

在微波集成电路中，微带谐振器易于和其他微波电路集成，并且具有易于设计、容易加工制作、造价低、可大批量生产等优点，在实际中被广泛应用于滤波器[6-7] 和天线[8] 设计。双模特性是 Wolff[3] 在20世纪70年代初谐振器用来设计和制作带通滤波器时首次发现的。在单个谐振器中通过加入微扰（如开槽、切角等），改变原正交简模的电场分布，使得一对正交简并模之间发生耦合。利用这种贴片谐振器构成的滤波器电导损失小，品质因数高。然而，这些滤波器通常采用多个贴片谐振器级联，贴片之间通过缝隙耦合来实现，有以下几个缺点：① 多个微带贴片谐振器的级联使得尺寸过大，这不利于滤波器的小型化；② 几个谐振器之间靠缝隙耦合，这样插入损耗一般会比较高，加工缝隙对滤波器的性能指标产生很大影响；③ 只有一个频率响应衰减极点，而比较理想的滤波器是在通带的两侧都有传输零点。

近年来，为了适应滤波器的小型化，Hong 等提出了两种单个三角形双模贴片滤波器[2,4]，对等边三角形切角或略微变形等腰三角形，引起简并模分裂，但这两种滤波器通过平行微带线耦合馈电，通带插入损耗较大，其 S 参数不够理想。为了进一步改善三角形贴片微带滤波器的通带特性，同时适应小型化，张胜等提出了一种采用平行微带线直接连接三角形谐振器并结合分形结构设计滤波器的方法[9]。其插入损耗降低，在通带附近左、右各有一个衰减极低。但通带宽度较窄，边带陡峭度低，滤波器的传输特性有待提高。

为了满足现代通信系统对滤波器小型化、高性能化的要求，CSRR 被引入三角形双模贴片滤波器的设计中。这种结构只须使用一个三角形贴片谐振器，无须耦合馈电，结构简单，易加工制作，辐射损耗明显降低，且有效减小滤波器的体积，更有利于小型化。由于引入 CSRR 结构，滤波器的通带宽度明显增宽，边带陡峭度也明显改善，滤波器的传输特性大大提高。

8.3.1 单个三角形谐振器的传输特性

如图 8.3 所示为单个双模三角形贴片谐振器设计的滤波器的结构示意图。这种滤波器由一个三角形微带贴片谐振器和一对直接连接到底边的 50 Ω 微带输入、输出馈线组成。为引入微扰，高度 h_1 设定为底边边长 a。设计一个等腰三角形谐振器，其介质厚度为 0.635 mm，相对介电常数为 $\varepsilon_r=10.2$，50 Ω 微带线宽度为 $w=0.6$ mm，通过优化确定其参数分别为 $a=12$ mm，$h_1=12$ mm，$d_1=6.8$ mm。通过 HFSS 仿真软件可得出三角形谐振器的传输特性曲线，如图 8.4 所示。仿真结果表明，直接连接 50 Ω 微带馈线可以减小传输损耗，但是只在通带的低频段出现一个频率响应衰减极点，高频段没有出现衰减极点，S 参数特性不好，不能满足现代通信系统对滤波器高性能的要求，需要进一步改进。

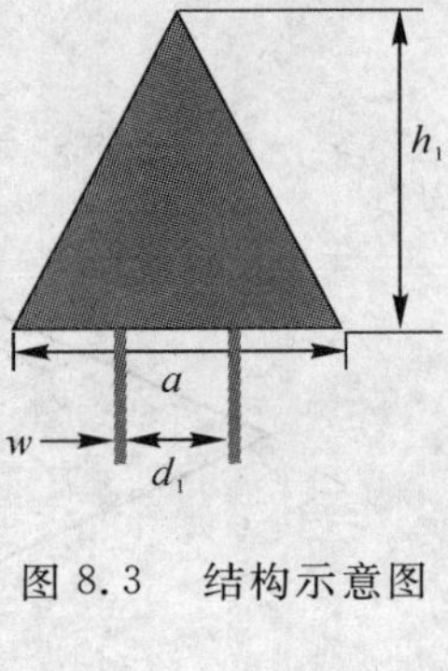

图 8.3 结构示意图

8.3.2 结构设计

在三角形贴片谐振器上刻蚀出 CSRR 结构[9]，如图 8.5 所示。对 CSRR 进行了改进，采用与原三角形相似的三角形构成，与图 8.3 所示的三角形贴片谐振器相比，CSRR 结构的引入影响了三角形贴片谐振器原来的场分布，它可以更有效地激励两种模式之间的交叉耦合，产生衰减极点。同时，CSRR 结构改变了原滤波器的等效电容，使得滤波器谐振频率降低，更有利于滤波器的小型化。

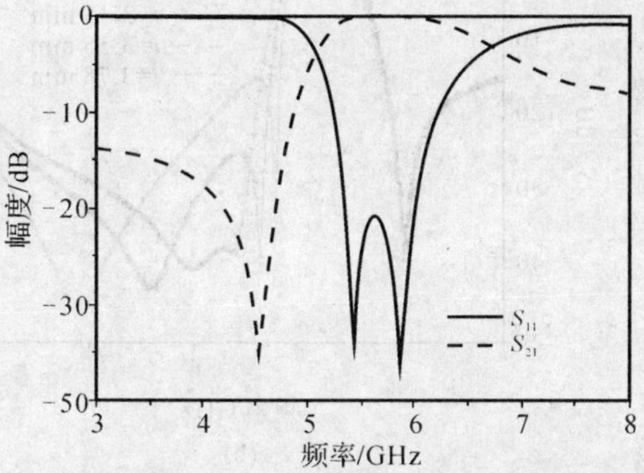

图 8.4　仿真结果

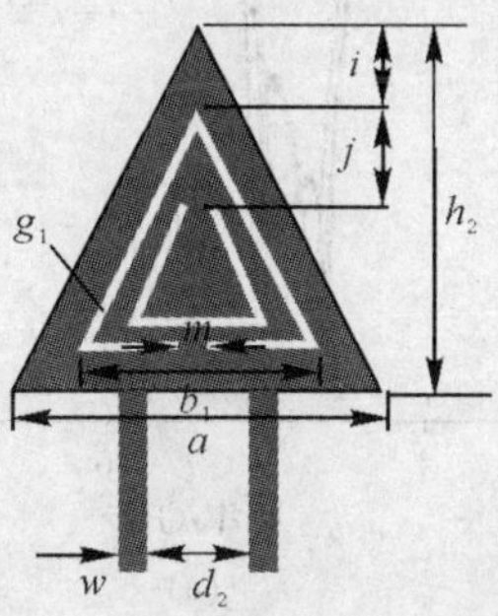

图 8.5　CSRR 双模带通滤波器结构

8.3.3　仿真分析

CSRR 双模贴片带通滤波器介质板厚度为 0.635 mm，相对介电常数为 10.2。通过优化设计，该滤波器的参数分别为 $a=12$ mm，$h_2=11.4$ mm，$d_2=3.5$ mm，$w=0.6$ mm，$b_1=4$ mm，$m=0.5$ mm，$i=3.55$ mm，$j=1.6$ mm，CSRR 槽缝宽度 $g_1=0.2$ mm。

(1)CSRR 缝宽对滤波器传输特性的影响。分别取槽缝宽度 g_1 为 0 mm，0.1 mm 和 0.2 mm 进行仿真，其他参数不变，其传输特性如图 8.6 所示。从图 8.6 可知，CSRR 结构改变了原滤波器的等效电容，使得滤波器的谐振频率降低，并且高频段出现衰减极点，改善了滤波器传输特性。槽缝宽度 g_1 越大，边带陡峭度越高。

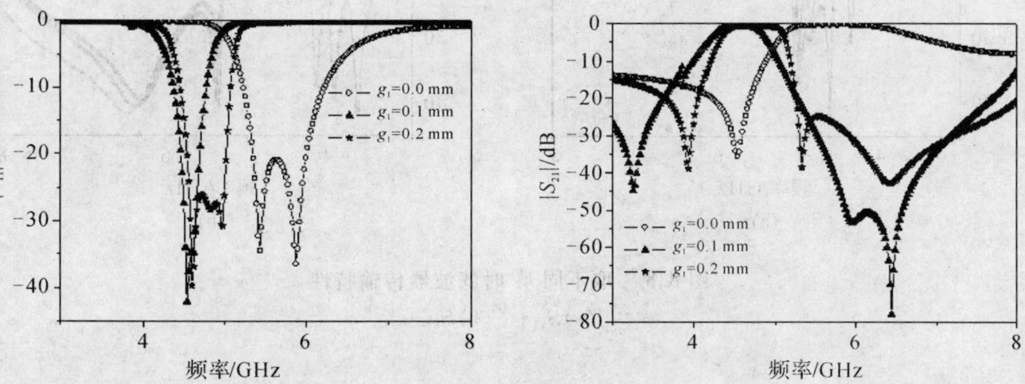

(a)　　　　(b)

图 8.6　取不同 g_1 时滤波器传输特性

(a)S_{11}；　(b)S_{21}

(2)CSRR 位置对滤波器传输特性的影响。分别取 $i=3.15$ mm，3.55 mm 和 3.75 mm，其他参数不变，进行仿真，其传输特性如图 8.7 所示。可知 CSRR 位置与三角形贴片谐振器顶点越接近，通带性能越好，但是高频段的阻带特性将恶化。综合考虑双模滤波器的传输特性，通过优化取 $i=3.55$ mm 时，滤波器的性能最佳。

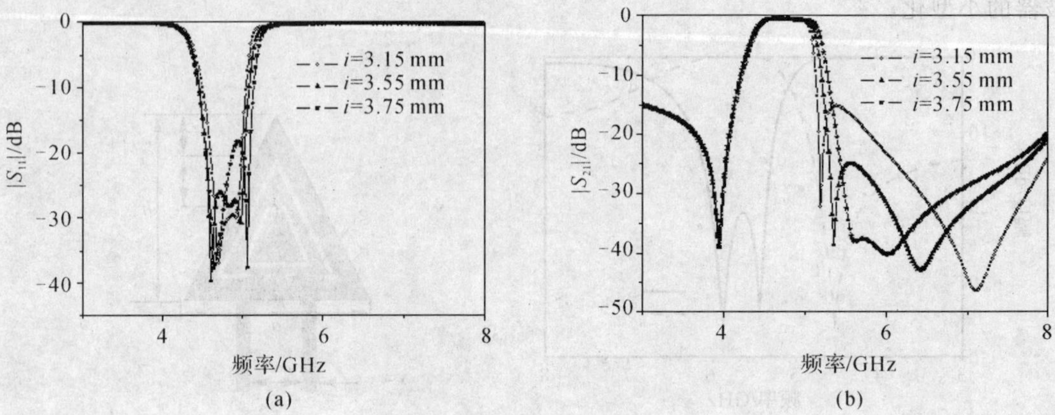

图 8.7　取不同 i 时滤波器传输特性

(a) S_{11}；(b) S_{21}

(3) 三角形贴片高度对滤波器传输特性的影响。取三角形贴片高度 $h_2=12$ mm，11.4 mm 和 11 mm 进行仿真，其他参数不变。该滤波器的传输特性曲线如图 8.8 所示。由图可知，随着三角形贴片高度的降低，该滤波器的截止频率升高，通带宽度减小，但通带反射损耗的最大旁瓣幅度降低，h_2 的变化对阻带的影响不大。

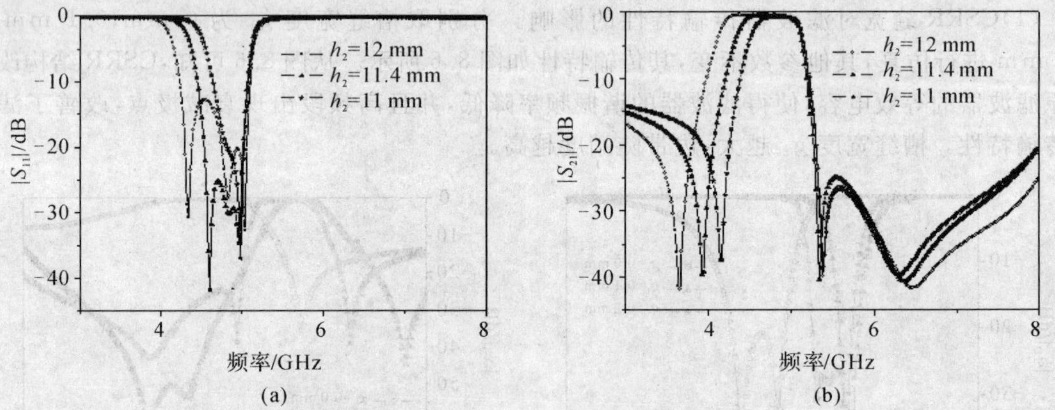

图 8.8　取不同 h_2 时滤波器传输特性

(a) S_{11}；(b) S_{21}

8.3.4　传输特性比较

在参考文献[2]中，Hong 等提出的一种采用耦合线馈电双模滤波器如图 8.9 所示。通过对边长 $a=12$ mm 的等边三角形切角的方法引入微扰，其结构参数 $b_2=1.5$ mm，$g_2=0.5$ mm，$w=0.6$ mm。参考文献[10]提出了一种结合 Cantor 数学分形结构并采用直接连接微带线馈电的双模滤波器，如图 8.10 所示。其结构参数选择如下：$a=h_1=12$ mm，$d_3=3.5$ mm，

$b_3=4$ mm，$b_4=2$ mm，$k=3.85$ mm，$n=0.1$ mm。CSRR 三角形贴片双模滤波器的尺寸参数选择如下：$a=12$ mm，$h_2=11.4$ mm，$d_2=3.5$ mm，$w=0.6$ mm，$b_1=4$ mm，$m=0.5$ mm，$i=3.55$ mm，$j=1.6$ mm。滤波器均建立在介质板 Rogers 3010（介电常数为 10.2，厚度为 0.635 mm）上。三种结构的传输特性仿真结果如图 8.11 所示。

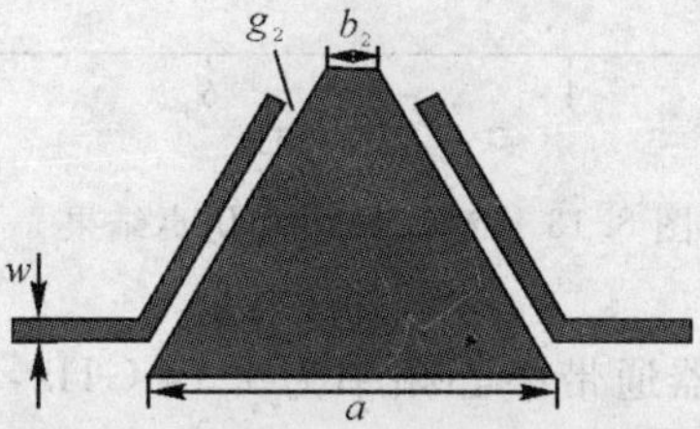

图 8.9　等边三角形双模滤波器

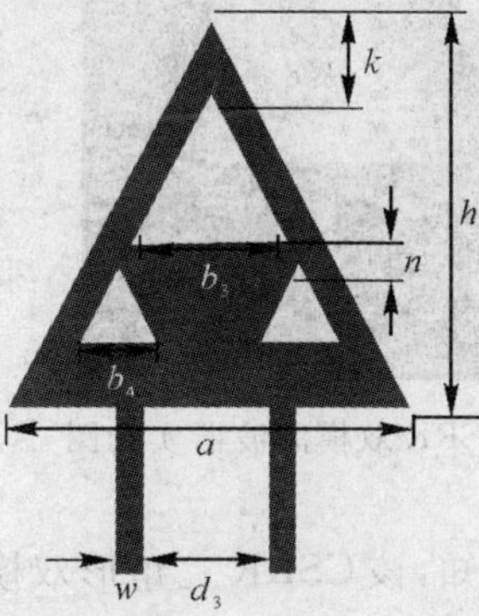

图 8.10　分形三角形双模滤波器

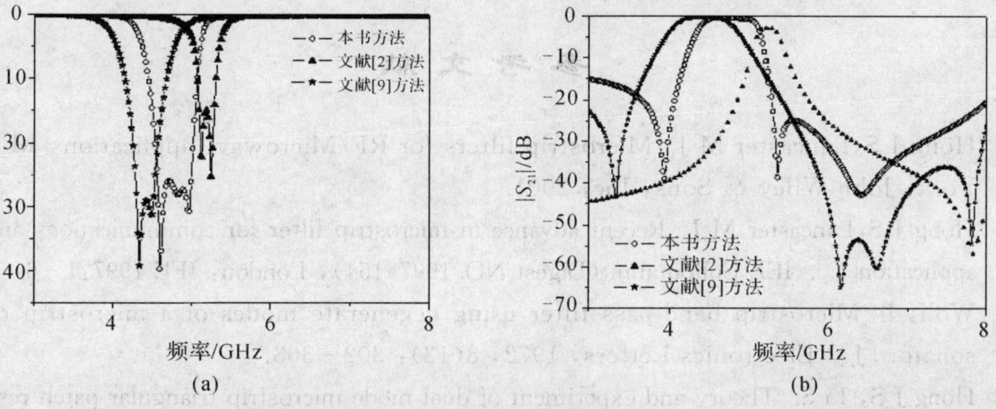

图 8.11　三种双模滤波器传输特性对比

(a) S_{11}；(b) S_{21}

由图 8.11 可知，微带线直接连接贴片谐振器馈电，通带的回波损耗大大减小。分别采用 CSRR 和 Cantor 分形结构，改变了原滤波器的等效电容，使得滤波器的谐振频率降低，更有利于小型化。相对参考文献[2]和参考文献[10]结构，CSRR 三角形双模贴片带通滤波器具有更宽的通带和更好的边带陡峭特性。

8.3.5　测试结果与分析

取 $g_1=0.2$ mm，$i=3.55$ mm，$h_2=11.4$ mm，其他结构参数为 $a=12$ mm，$f=3.5$ mm，$w=0.6$ mm，$b=4$ mm，$m=0.5$ mm，$j=1.6$ mm，$k=2.4$ mm，制作了一个 CSRR 三角形贴片双模滤波器。在实际制作过程中，为了与 SMA 接口更好地连接，把 50 Ω 的微带馈线弯折 45°，如图 8.12 所示。该滤波器实测结果如图 8.13 所示。

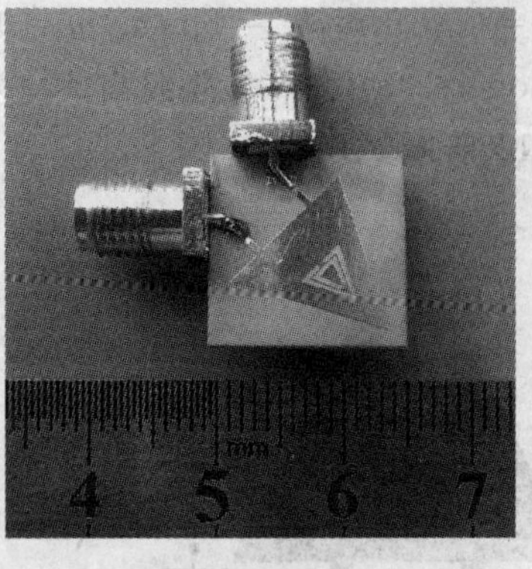

图 8.12　CSRR 双模滤波器实物图

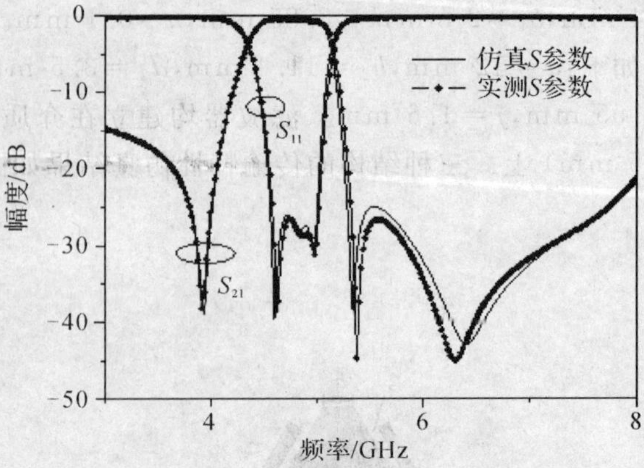

图 8.13　测试结果和仿真结果

从图 8.13 可知，该 CSRR 三角形双模贴片滤波器通带中心频率为 4.74 GHz，－3 dB 带宽约为 840 MHz，－15 dB 带宽约为 450 MHz。通带内的最大回波损耗优于－20 dB，最小插入损耗优于－0.68 dB。通带左侧衰减极点在 3.94 GHz 处，极值为－38.96 dB，右侧衰减极点在 5.34 GHz 处，极值为－38.65 dB。

参考文献

[1] Hong J S, Lancaster M J. Microstrip filters for RF/Microwave applications[M]. New York: John Wiley & Sons, Inc, 2001.

[2] Hong J S, Lancaster M J. Recent advance in microstrip filter for communications and other application[C]. IEE Colloquium (Digest NO. 1997/154), London: IEE 1997: 1－6.

[3] Wolff I. Microstrip band-pass filter using degenerate modes of a microstrip ring resonator [J]. Electronics Letters, 1972, 8(12): 302－303.

[4] Hong J S, Li S. Theory and experiment of dual-mode microstrip triangular patch resonators and filters[J]. IEEE Trans. Microwave Theory and Techniques, 2004, 52(4): 1237－1243.

[5] Himdi M, Danie J P, Terret C. Transmission Line Analysis of Aperture-Coupled Microstrip Antenna[J]. Electron. Letters, 1989, 25: 1229－1230.

[6] Zhu L, Wecowaki P M, Wu K. New planar dual-mode filter using cross-slotted patch resonator for simultaneous. and loss. reduction[J]. IEEE Trans. Microwave Theory Tech., 1999(47): 650－654.

[7] Strassner B, Chang K. New wide-band DC-Block cymbal bandpass filter[J]. IEEE Trans. Microwave Theory and Techniques, 2002, 50(5): 1431－1432.

[8] Iwasaki H. A circularly polarized small-size microstrip antennawith a cross slot[J]. IEEE Trans. Antennas Propagat, 1996, 44(10): 1521－1528.

[9] Zhou M, Tong C M, Fu S H, et al. Design of dual-mode bandpass filter using SRR structure[J]. Microwave and Optical Technology Letters, 2010, 52(10): 2372－2375.

[10] 张胜. 微型平面微波滤波器的结构和性能研究[D]. 上海：上海大学，2006.

第9章 CSRR CRLH 传输线及其在宽带滤波器中的应用

9.1 引 言

早在1968年，Veselago就在理论上预示了左手材料在传输电磁能量时体现出的一些奇异现象，如反向多普勒频移和反向切伦科夫辐射等。等效介电常数和等效磁导率同时为负的异性材料被普遍称作左手材料(Left-Handed Material，LHM)，它已经受到科学和工程领域的关注。2002年，Itoh和Eleftheriades等人提出利用传输线理论构造这种左手性媒质[1-3]，他们采用微带螺旋电感和交指电容制成左手传输线，该结构具有适中的插入损耗和较宽的带宽。Grbic和Eleftheriades等人提出可以用在传输线中周期性加载电感和电容制作折射率为负值的材料，并从理论和实验上证明了实现左手性传输的可能性[4-5]。这类传统的左手传输线模型尺寸较大，且结构复杂，不利于在微波和毫米波集成电路中应用。为了解决这一问题，研究人员提出了一种基于等效方式实现的复合左右手(Composite Right/Left-Haned，CRLH)传输线结构——CSRR CRLH传输线结构。近年来，CSRR CRLH传输线结构被广泛应用于微波元器件设计中[6-8]，如滤波器、功分器、耦合器以及微带天线等。本章主要介绍CSRR CRLH传输线及其在宽带滤波器中的应用。

宽带带通滤波器是现代宽带射频无线通信系统的基本组件，其性能的好坏直接影响到整个系统的优劣，因此宽带带通滤波器的发展很快。对于高性能宽带带通滤波器而言，除了要求通带达到一定带宽以外，它还应具有选择特性好、带外抑制度高、通带损耗低等优点。为了能够更好地满足工程实际应用，它还应该具有尺寸小、制作简单、成本低等优点。

为了获取宽带带通滤波器，研究者采取了不同的设计方法和结构来实现。传统的宽带滤波器结构主要有三种：平行耦合线结构、交指型结构以及1/4波长短路枝节结构。平行耦合线或交指型带通滤波器带宽有限(一般为20%)，超过一定带宽后，由于谐振器之间的耦合系数太大，滤波器实现起来有一定困难，加工成本也比较高。基于1/4波长短路枝节结构的带通滤波器实现宽通带比较容易，但它的阻带特性不好。为提高滤波器的选择特性和阻带抑制度，常用的方法是增加滤波器的级数，这样无疑会增加滤波器尺寸，不利于滤波器的小型化，且带内损耗也会随之增加。

近年来，一些新型人工电磁结构的提出为宽带带通滤波器的设计注入了新的活力，如DGS，CSRR及CRLH传输线等。参考文献[9]采用DGS与高通滤波器结合设计了一种宽带带通滤波器。这种结构的设计方法简单，易于理解。由于该结构中存在过孔，构造起来相对困难。参考文献[10]采用CSRR结合开路枝节和贴片电容设计了一种宽带带通滤波器，该结构通带损耗小于1 dB，通带右侧的阻带抑制度较高。这种结构的缺点是通带附近只能产生1个传输零点，且在阻带内存在寄生频率尖峰。与常规印制电路相比，由于引入了贴片电容，加工起来也更加复杂。参考文献[11]提出了一种基于 CRLH 传输线的超宽带带通滤波器,只需一个 CRLH 传输线单元就获得了很宽的通带,但其阻带特性较差。因此,如何构造结构简单的高性能宽带带通滤波器是一个有待解决的问题。

9.2 CSRR CRLH 传输线

9.2.1 单元模型及等效电路

如图 9.1(a)所示,CSRR CRLH 传输线通过在微带接地板上蚀刻两个反向同心开口环形成对应的并联谐振回路,由导带间隙构成串联电容。与传统的左手传输线相比,其结构简单且不引入对地过孔,更易于工程实现。由于 50 Ω 传输线可以等效为串联电感和并联电容构成的右手传输线,开口谐振环自身构成并联谐振电路,在金属地板上蚀刻开口谐振环相当于在右手传输线中引入对地的并联谐振电路,同时导带间隙构成串联电容,导带与地板上的 CSRR 之间存在电容性耦合,最终得到的单元等效电路如图 9.1(b)所示。与传统 CRLH 单元等效电路相比,引入了对地串联谐振,所以具有带外传输零点,从而获得较好的边带抑制。

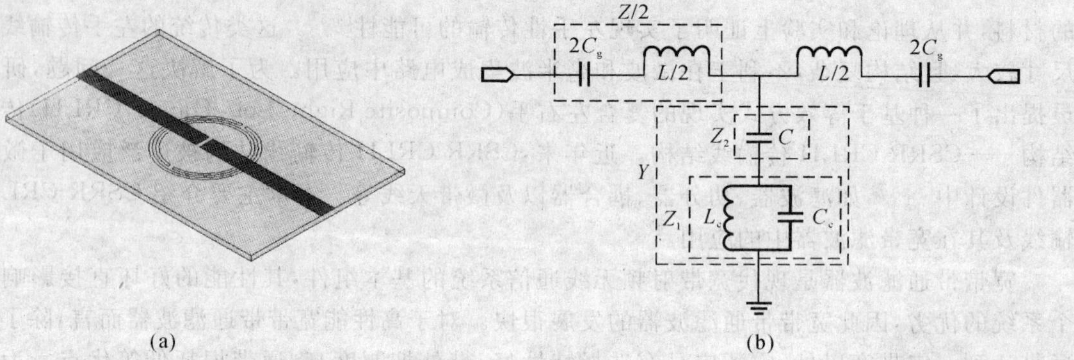

图 9.1 CSRR CRLH 传输线

(a) 单元模型; (b) 等效电路

整个结构制作在相对介电常数为 2.65、厚度为 0.8 mm 的介质基板上,对应 50 Ω 微带线宽度为 2.2 mm。CSRR 上方的导带间隙为 0.3 mm,CSRR 的尺寸选择如下:g_1 = 0.4 mm, g_2 = 0.4 mm, g_p = 0.6 mm, r=5.3 mm。通过 HFSS 进行全波电磁仿真得到的传输曲线如图 9.2 所示。由图中可以看出,该结构在 1.67 GHz 附近出现了传输通带,同时在 0.87 GHz 处存在 1 个传输零点。

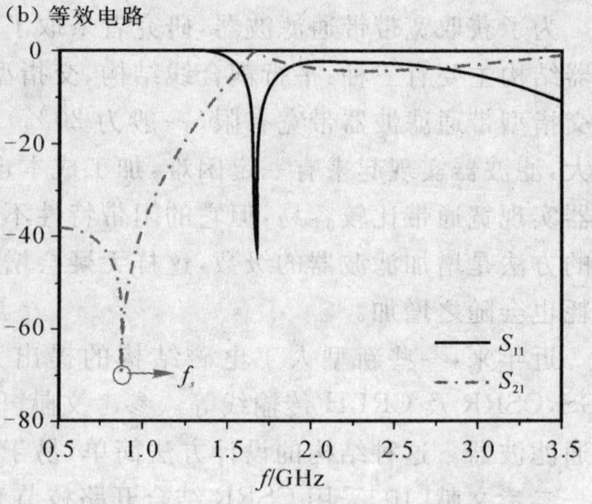

图 9.2 CSRR CRLH 传输线仿真结果

9.2.2　单元特性

(1) 谐振特性。CSRR CRLH 单元与传统 CRLH 单元相比,最显著的特点是具有带外传输零点,这使得该结构设计的滤波器在边带处下降更快。其传输零点的位置由 L_c,C_c 和 C 所构成的并联支路谐振频率 f_s 来决定。并联回路的阻抗值为

$$Z_1=\frac{1}{j\omega C_c+\frac{1}{j\omega L_c}}=j\,\frac{\omega L_c}{1-\omega^2 L_c C_c} \tag{9.1}$$

单个电容 C 的阻抗值为

$$Z_2=\frac{1}{j\omega C}=-j\,\frac{1}{\omega C} \tag{9.2}$$

当 $Z_1+Z_2=0$ 时,并联支路谐振并出现衰减极点。因此,谐振频率可以表示为

$$f_s=\frac{1}{2\pi\sqrt{L_c(C_c+C)}} \tag{9.3}$$

(2) 阻抗特性。CSRR CRLH 等效电路的特性阻抗可写为

$$Z_c=\sqrt{\frac{Z}{Y}}=\sqrt{\frac{\left(L-\frac{1}{\omega^2 C_g}\right)\left(C+C_c-\frac{1}{\omega^2 L_c}\right)}{C\left(C_c-\frac{1}{\omega^2 L_c}\right)}} \tag{9.4}$$

令串联回路谐振角频率为 $\omega_{se}=1/\sqrt{LC_g}$,并联回路角频率为 $\omega_{sh}=1/\sqrt{L_c C_c}$,又 $\omega_s=1/\sqrt{L_c(C+C_c)}$,$Z_L=\sqrt{L_c/C_g}$,则式(9.4)可写为

$$Z_c=Z_L\sqrt{\frac{\left(\frac{\omega}{\omega_{se}}\right)^2-\left(\frac{\omega}{\omega_s}\right)^2-1}{\left(\frac{\omega}{\omega_{sh}}\right)^2-\omega^2 CC_g}} \tag{9.5}$$

假定 $\omega_s<\omega_{se}<\omega_{sh}$,那么当 $\omega=\omega_{se}$ 时,$Z_c=0$,对应串联回路谐振;当 $\omega=\omega_s$ 时,$Z_c=0$,对应传输零点位置;当 $\omega=\omega_{sh}$ 时,$Z_c\to\infty$,对应并联回路谐振。

(3) 色散特性。并联支路的导纳为

$$Y=\frac{1}{Z_1+Z_2}=\frac{-\omega^2 C_c C+\frac{C}{L_c}}{j\omega(C+C_c)+\frac{1}{j\omega L_c}} \tag{9.6}$$

而两边串联支路的总阻抗为

$$Z=\frac{1}{j\omega C_g}+j\omega L \tag{9.7}$$

根据传输线的 Bloch-Floquet 原理,可知

$$\frac{(e^{-j\beta p}-1)^2}{e^{-j\beta p}}-ZY=0 \tag{9.8}$$

将式(9.6)和式(9.7)代入式(9.8)中,可以得到该单元电路的色散关系

$$\cos(\beta p)=1-\frac{C\left(\frac{1}{\omega^2 L_c C_g}+\omega^2 LC_c-\left(\frac{L}{L_c}+\frac{C_c}{C_g}\right)\right)}{2\left((C+C_c)-\frac{1}{\omega^2 L_c}\right)} \tag{9.9}$$

式中，p 为单元周期长度。

CSRR CRLH 传输线具有存在带外传输零点而不引入对地过孔的优点。已有研究表明[12]，该单元模型的传输特性、色散特性和阻抗特性均呈现带传输零点的 CRLH 传输特性。采用交指形式或集总形式的串联电容还可以构成其他形式的 CRLH 传输线，这类新型 CRLH 传输线在微波电路有着广阔的应用前景。

9.3 IC－CSRR CRLH 传输线

基于 CRLH 传输线理论，印度和西班牙等国的研究小组分别采用 CSRR 实现了谐振式 CRLH 传输线结构。通过将 CSRR 的谐振频率与串联支路的谐振频率设计为同一频率，可以使左、右手传输段在此频率处结合，从而展宽了通带频段[13]。由于结构中包含了交指形式的串联电容，因此这种结构称为基于交指电容互补开口环谐振器（Interdigital Capacitor-Complementary Split Ring Resonator，IC－CSRR）的 CRLH 传输线。IC－CSRR CRLH 传输线结构如图 9.3 所示，它是由接地面上的 CSRR 及其正上方的微带交指电容（Interdigital Capacitor）组成的。将交指电容替换为间隙电容（Gap Capacitor），该结构就转变为常见的 CSRR CRLH 传输线。

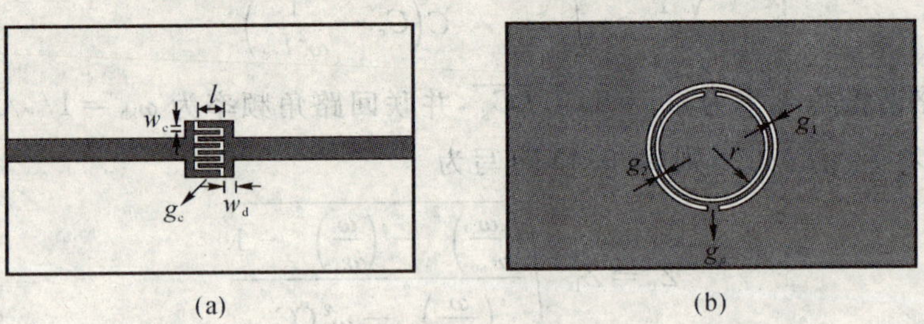

图 9.3　IC－CSRR CRLH 传输线

(a) 顶视图；(b) 底视图

CSRR 和微带交指结构的尺寸参数选择如下：$w_d=1.1$ mm，$g_c=0.3$ mm，$w_c=0.3$ mm，$l=2.5$ mm，$g_1=0.4$ mm，$g_2=0.4$ mm，$g_p=0.6$ mm，$r=5.3$ mm。整个结构制作在相对介电常数为 2.65、厚度为 0.8 mm 的介质基板上。采用 Ansoft HFSS 对 CSRR CRLH 传输线和 IC－CSRR CRLH 传输线的特性进行了仿真分析，得到的散射参数如图 9.4 所示。

从图 9.4 中可以看出，IC－CSRR CRLH 传输线具有更宽的通带。此外，它还是一种性能优良的高通滤波器（Highpass Filter，HPF）。IC－CSRR CRLH 传输线的等效电路如图 9.5 所示，采用 MWO 优化拟合得到的等效参数如下：$L_1=2.91$ nH，$L_2=1.25$ nH，$L_3=4.24$ nH，$C_1=2.14$ pF，$C_2=0.577$ pF，$C_3=72.7$ pF，$C_4=5.69$ pF，$C_5=1.34$ pF，$C_6=0.924$ pF。电路和电磁仿真结果对比如图 9.6 所示。从图中可以清楚地看出，由等效电路模型得到的 S 参数和电磁仿真得到的 S 参数趋势一致，拟合良好。

下面讨论 CSRR 的半径对 IC－CSRR CRLH 传输线特性的影响。其他参数选择不变，半径 r 分别取 4.9 mm，5.3 mm 和 5.7 mm，传输特性仿真结果如图 9.7 所示。从图上可知，随着半径 r 的增加，高端通带整体向低频端移动。这对于组合结构的带宽控制是十分有利的，具体分析见下节。

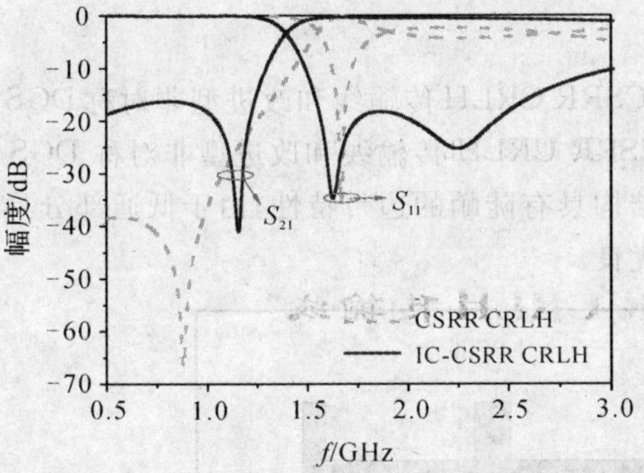

图 9.4　复合左右手传输线仿真结果

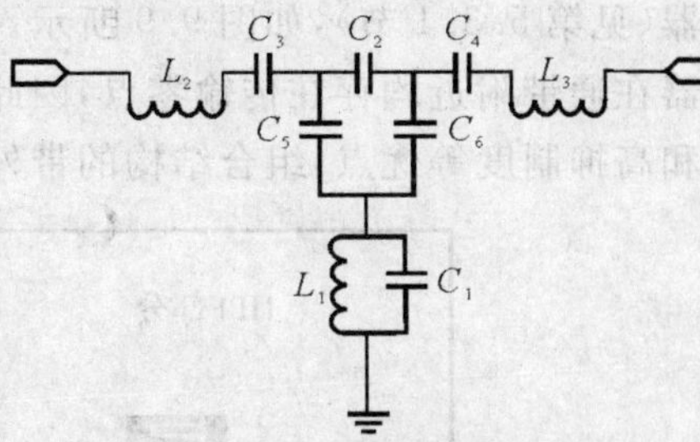

图 9.5　等效电路

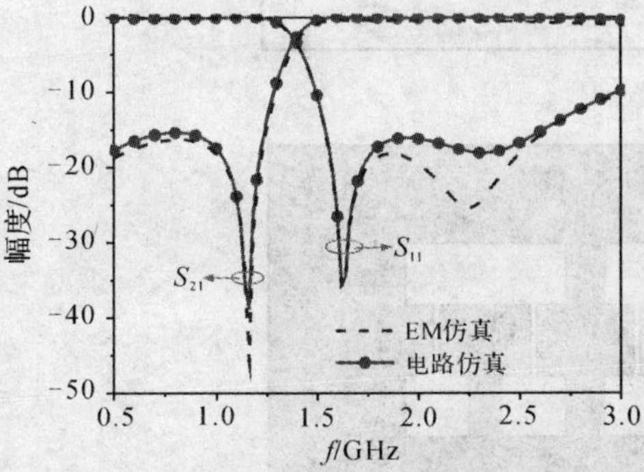

图 9.6　电路和电磁仿真结果对比

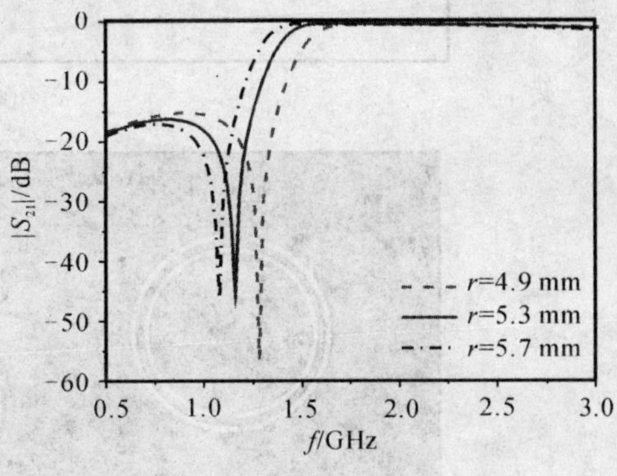

图 9.7　半径 r 对 IC－CSRR CRLH 传输线特性的影响

9.4　组合结构宽带带通滤波器

9.4.1　设计思想

IC－CSRR CRLH 传输线具有优良的高通特性，与传统的高通滤波器相比，其具有更陡峭的上升沿。若将此结构与高性能低通滤波器结合，即可获得高性能的带通滤波器，组合实现带通响应的图形解释如图 9.8 所示。

由图 9.8 可知，组合结构能够产生带通响应，固定低通（或高通部分），调整高通（或低通部分），组合结构的带宽是可调的。此外，这种设计方法简单，易于理解和实现。

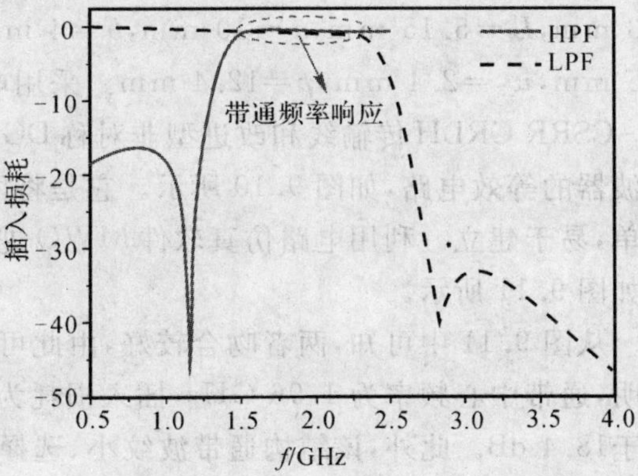

图 9.8　组合结构实现带通响应的图形解释

9.4.2 组合结构设计及性能分析

组合结构的高通和低通部分分别采用IC-CSRR CRLH传输线和改进型非对称DGS低通滤波器(见第5.3.1节),如图9.9所示。IC-CSRR CRLH传输线和改进型非对称DGS低通滤波器在通带附近均存在传输零点,因此组合结构具有陡峭的边带特性;由于低通部分具有宽阻带和高抑制度等优点,组合结构的带外性能优良。

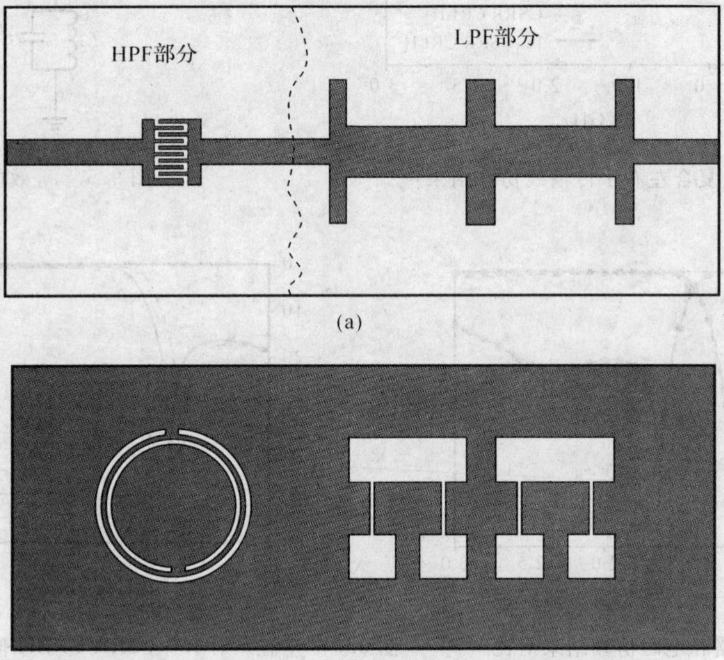

(a)

(b)

图 9.9 组合结构带通滤波器

(a) 顶视图; (b) 底视图

为取得良好的滤波特性,对组合结构进行了优化设计。各部分结构的参数选择如下:$w_d=1.1$ mm,$g_c=0.3$ mm,$w_c=0.3$ mm,$l=2.5$ mm,$g=g_1=g_2=0.4$ mm,$g_p=0.6$ mm,$r=5.3$ mm,$L=5.15$ mm,$a=10$ mm,$b=4$ mm,$c=4.5$ mm,$d=2$ mm,$w_1=1.5$ mm,$w_2=4.5$ mm,$w_3=2.4$ mm,$p=12.4$ mm。采用电磁仿真软件对设计结构进行了仿真分析。综合IC-CSRR CRLH传输线和改进型非对称DGS低通滤波器的等效电路可以得出组合结构带通滤波器的等效电路,如图9.10所示。它是将两者的等效电路直接级联得到的,等效模型非常简单,易于建立。利用电路仿真软件MWO进行了电路模拟,电路仿真与全波电磁仿真对比结果如图9.11所示。

从图9.11中可知,两者吻合较好,由此可以证明等效电路的正确性。全波电磁仿真结果表明,通带中心频率为1.96 GHz,插入损耗为0.38 dB,相对带宽为57.1%,通带内回波损耗优于18.4 dB。此外,该结构通带波纹小、选择性好和带外抑制度高。由此表明,组合结构具有良好的带内和带外性能。

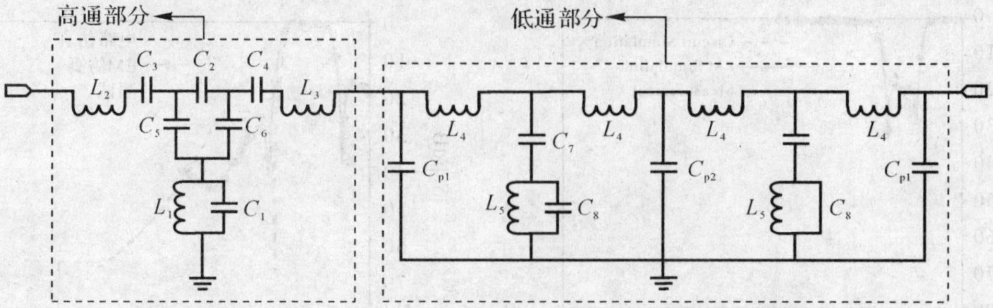

图 9.10　组合结构带通滤波器等效电路

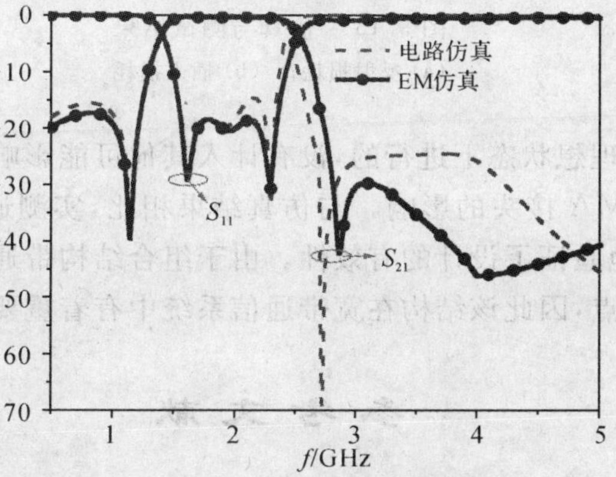

图 9.11　电路和电磁仿真结果

组合结构带通滤波器实物模型如图 9.12 所示，采用矢量网络分析仪对实物模型进行了宽频段测量，测试与仿真结果如图 9.13 所示。从图上可知，测试与仿真结果基本吻合。测试结果表明，所设计带通滤波器通带中心频率为 1.94 GHz，插入损耗为 1.5 dB(包含 SMA 接头损耗)，通带相对带宽为56.7%，通带到阻带的过渡带非常陡峭，选择特性在50 dB/GHz以上，且在通带两侧附近均存在传输零点。此外，在 2.8 ～ 10 GHz 的宽阻带范围内抑制度优于 25 dB。

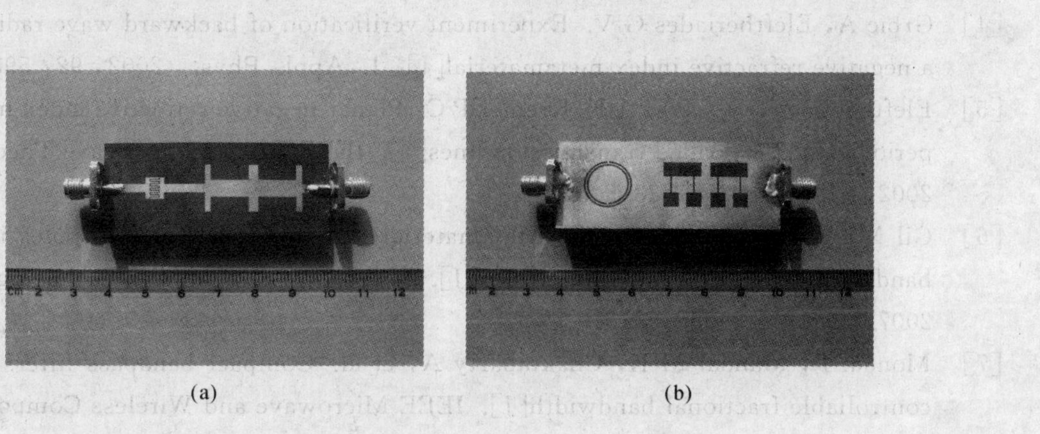

(a)　　　　(b)

图 9.12　实物模型

(a) 顶视图；(b) 底视图

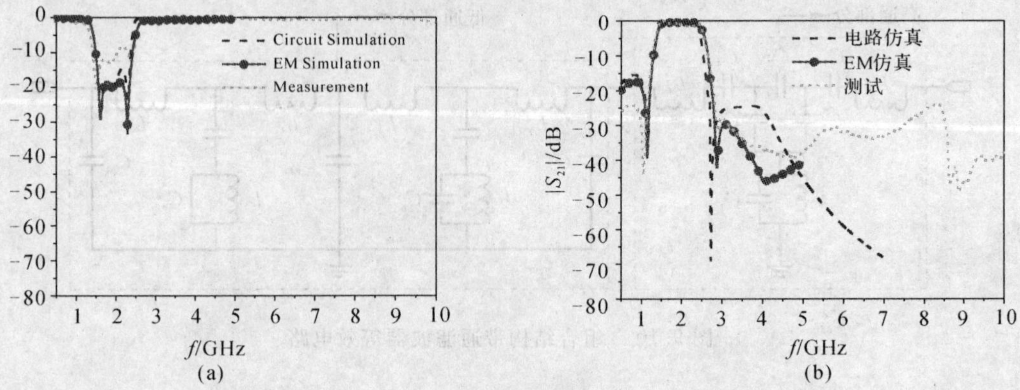

图 9.13　仿真与测试结果

(a) 反射损耗；(b) 插入损耗

由于仿真过程是在理想状态下进行的，没有计入其他可能影响滤波器性能的因素，且受印刷制板技术的限制和 SMA 接头的影响。与仿真结果相比，实测通带插入损耗偏大。总的来说，实测结果还是有力地验证了设计的有效性。由于组合结构带通滤波器具有宽通带、高选择性和带外抑制度好等优点，因此该结构在宽带通信系统中有着重要的潜在应用价值。

参考文献

[1] Caloz C, Itoh T. Positive/negative refractive index anisotropic 2-D metamaterials[J]. IEEE Microwave Wireless Compon Letters, 2003, 13(12): 547 - 549.

[2] Caloz C , Itoh T. Transmission line approach of left-handed (LH) materials and microstrip implementation of all artificial LH transmission line[J]. IEEE Trans. Microwave Theory Tech. , 2004, 52(5): l159 - 1166.

[3] Sanada A, Caloz C, Itoh T. Planar distributed structures with negative refractive index[J]. IEEE Trans. Microwave Theory Tech. , 2004, 52(4): 1252 - 1263.

[4] Grbic A, Eleftheriades G V. Experiment verification of backward wave radiation from a negative refractive index metamaterial[J]. J. Appl. Phys. , 2002, 92: 5930 - 5935.

[5] Eleftheriades G V, Iyer A K, Kremer P C. Planar negative refractive index media using periodically L-C loaded transmission lines[J]. IEEE Trans. Microwave Theory Tech. , 2002, 51(12): 2297 - 2305.

[6] Gil M, Bonache J, Martín F. Metamaterial filter with attenuation poles in the pass band for ultra wide band applications[J]. Microwave and Optical Technology Letters, 2007, 49(12): 2909 - 2913.

[7] Mondal P, Mandal M K, Chaktabarty A, et al. Compact bandpass filters with wide controllable fractional bandwidth[J]. IEEE Microwave and Wireless Components Letters, 2006, 16(10): 540 - 542.

[8] Selga J, Siso G, Gil M, et al. Microwave circuit miniaturization with complementary

spiral resonators application to high-pass filters and dual-band components[J]. Microwave Opt Technol Lett., 2009, 51(11): 2741 - 2745.

[9] Shobeyri M, Samiei M H V. Compact ultra-wideband bandpass filter with defected ground structure[J]. Progress in Electromagnetics Research Letters, 2008, 4: 25 - 31.

[10] Hou Z Z. Novel wideband filter with a transmission zero based on split-ring resonator DGS[J]. Microwave Opt. Technol. Lett., 2008, 50(6): 1691 - 1693.

[11] An J, Wang G M, Zeng W D, et al. UWB filter using defected ground structure of Von Koch fractal shape slot[J]. Progress in Electromagnetics Research Letters, 2009, 6: 61 - 66.

[12] 吴边. 无线通信中微波滤波器的比较法与应用研究[D]，西安：西安电子科技大学，2008.

[13] Gil M, Bonache J, Selga J, et al. Broadband resonant-type metamaterial transmission line[J]. IEEE Microwave Wireless Compon Lett, 2007, 17(2): 97 - 99.